双色版

U0162022

微信视频号
全流程实战

冯阳阳 等◎编著

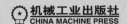

机械工业出版社

CHINA MACHINE PRESS

近几年，与一系列短视频平台茁壮成长相比，视频号在微信端的诞生可谓是相当低调而又势不可挡。在短视频领域的群雄争霸中，微信视频号（以下简称"视频号"）不像抖音、快手那般大刀阔斧、来势汹汹，其出现可以说是大势所趋，使用微信的用户几乎每天都在感受视频号带来的影响。在拥有 10 亿＋庞大用户群的微信簇拥下，视频号算是含着金钥匙出生的全新平台，私域流量新玩法也应运而生。如何抓住视频号带来的红利，如何策划和拍摄优质短视频，如何进行商业运营和变现，如何打通"视频号＋公众号＋微信小程序＋腾讯直播＋企业微信号"的流量闭环，这些都是本书要展现给读者的核心内容。

本书从入驻视频号开始，详细介绍了如何进行短视频的策划、拍摄、剪辑、营销和变现等环节，以如何与直播相互增益为主要线索，其间还穿插介绍了专业制作短视频软件（Photoshop 和 Premiere）的相关特效技法，读者扫码即可实时观看教学视频。

本书适合新媒体运营者、短视频创作者以及对短视频编辑技术感兴趣的读者进行阅读和学习。

图书在版编目（CIP）数据

微信视频号全流程实战/冯阳阳等编著.—北京：机械工业出版社，2021.10
ISBN 978-7-111-69268-3

Ⅰ.①微…　Ⅱ.①冯…　Ⅲ.①视频制作②网络营销　Ⅳ.①TN948.4 ②F713.365

中国版本图书馆 CIP 数据核字（2021）第 202002 号

机械工业出版社（北京市百万庄大街 22 号　邮政编码 100037）
策划编辑：丁　伦　责任编辑：丁　伦
责任校对：徐红语　责任印制：张　博
涿州市京南印刷厂印刷
2022 年 1 月第 1 版第 1 次印刷
170mm×240mm・10.25 印张・181 千字
标准书号：ISBN 978-7-111-69268-3
定价：59.90 元

电话服务　　　　　　　网络服务
客服电话：010-88361066　机　工　官　网：www.cmpbook.com
　　　　　010-88379833　机　工　官　博：weibo.com/cmp1952
　　　　　010-68326294　金　书　网：www.golden-book.com
封底无防伪标均为盗版　机工教育服务网：www.cmpedu.com

前言

Preface

短视频是近几年新兴的产业，除了展示个人才华之外，商家更注重短视频及其周边带来的可观经济收入。不管是商业个体，还是自媒体人，从广义上来讲，所有人都可以参与到短视频经济中来。根据微信视频号官方统计，目前视频号的用户量呈上升趋势。

随着抖音、快手等短视频平台如雨后春笋般地兴起，微信也推出了自己的短视频平台即视频号，极大地丰富了用户的选择空间。视频号、聊天、购物平台是一个整体闭环，微信作为国内较为庞大和稳固的社交平台，无论是社交价值、私域流量价值都名列前茅，用户打开习惯相对稳固，这决定了它的商业价值也更稳定，相对缩短了变现路径。在抖音、快手上，众多短视频创作者都考虑过如何将粉丝导入微信私域流量池，但它的难度在如下两方面。一方面是平台间的兼容性问题，跨平台导流往往不被允许。另一方面是切换 App 沟通、买单的成交路径太长，而视频号相当于一步到位，将公众号与小程序打通，视频号下方的公众号链接可以直接付费买单。缩短变现路径的好处是可以有效增加转化率。从带货这个方向来看，目前视频号的带货更多是通过视频连接公众号，引导到电商小程序或者社群变现，但未来若要连接橱窗与直播也并非不可能，这也许将是电商带货新的一轮红利。

如果想展示自己的才艺、销售产品、开发布会、开一门优质课程或是想观看自己喜爱的网络节目，那么就打开视频号平台吧，这里有丰富多彩的栏目和分类，不再有空间和距离限制，可与全世界的人近距离互动沟通。

　　本书从自媒体和商业个体角度出发，手把手教读者注册和使用视频号、开小商品店、开通直播和运营视频号，并使用 Photoshop 软件制作优美的短视频封面，用 Premiere 编辑完美的短视频作品。参与本书编写的还有 ACAA 中国数字艺术专家刘正旭先生，为本书的实战案例增添了诸多高级应用技巧和实用技能，方便读者最终能够将这些技术应用于实际项目中。

　　本书适合对短视频制作和运营感兴趣的读者进行阅读和学习。

目 录

Contents

第二章　视频号上热门大揭秘

第五章　Premiere 短视频制作高级技法

第六章　视频号运营基础

第七章　视频号运营高级技巧

第八章　视频号商业变现

第一章

含着金钥匙出生的微信视频号

在微信视频号（简称"视频号"）诞生之前的几年时间内，腾讯发布了很多短视频产品，大部分都不温不火。而腾讯作为互联网流量公司，是不想缺席短视频这个赛道的。在抖音、快手、微博、小红书等都成功成为短视频赛道的主流玩家之后，腾讯在短视频领域的问题则要尽快解决。而微信视频号应运而生，体现出了腾讯想借助微信生态巨大的流量再一次突围短视频的愿景。

相对公众号而言，微信视频号是一个人人都可以创作视频的载体。因为不能要求每个人都会写长篇大论的文章，所以微信的短篇内容一直是腾讯想发力的方向。毕竟，表达是每个人天然的需求，微信视频号作为内容的载体，弥补了微信在短视频方面的缺失，现在人人都可以用视频创作内容了。

第一节 视频号的平台特征

微信视频号是微信对过去几年忽略短视频创作的战略性调整，微信一定会投入大量的资源和资金进行推广，视频号的入口直接设置在微信"发现"菜单里，位置醒目，如图 1-1 所示。

相比腾讯旗下早期的一款短视频创作平台"微视"的仅有将视频转发到微信朋友圈等少数功能。微信视频号除了有简易的入口和丰富的功能之外，在项目启动初期还邀约了不少明星大号入驻，且规则设计严谨，对内容搬运、内容低俗等行为的监管力度也比其他平台大，这都说明微信希望能引导整个视频号的生态良性发展。

作为拥有亿级用户的微信生态圈，推出任何一款战略级产品都不会缺流量。只要能够吸引和留住用户，就能形成巨大的生态，带来新的流量红利，这同时也是短视频创作者的福音。

图 1-1　视频号入口

一、流量闭环：视频号为何能通吃各个短视频平台

　　视频号打通了微信生态的社交公域流量闭环，微信生态过去也能在朋友圈发小视频，但这些内容仅限于用户的朋友圈好友能够观看，这就是所谓的"私域流量"。而视频号则意味着微信平台能提供小视频以发布到"扩散朋友圈 + 微信群 + 个人号"的方式，使每个人的短视频内容能被更多人看到，从而放开了微信过去无法扩散小视频的限制，用户只需要把自己的短视频内容同步发布到视频号，就可以在微信生态里传播和流传，这是一个新的流量传播渠道。

　　视频号一开始就有转发微信公众号文章链接的功能，意味着通过视频号带货的通道已经打开了，只需要在视频号内容中引导大家单击关联的微信公众号链接，用户就可以在微信公众号里面推荐产品和服务，形成一个完整的商业闭环。

　　目前视频号还可以关联微信小程序，通过小程序马上下单，让用户快速形成变现渠道。对于有足够粉丝的号主，还可以通过导入腾讯直播加速粉丝的转化，然后把粉丝沉淀在企业微信中。

　　目前，微信生态里已经打通"视频号 + 微信公众号 + 微信小程序 + 微信直

播 + 企业微信"的闭环，腾讯已经形成了具有强大竞争力的社交电商新玩法。

二、熟悉的陌生朋友：微信生态成长起来的视频号

微信视频号于 2020 年初正式开启内测，它是微信的短视频创作平台，也是一个了解他人、了解世界的窗口。微信视频号被誉为新的流量风口，在前期测试期间，自媒体大 V、网红博主 KOL、企业机构和明星等各类群体代表人物都已被邀请开启了视频号，为视频号吸引了不少围观者。有很多业内人士称，以前若没有赶上抖音和快手的短视频流量红利，现在是时候要抓住视频号带来的新一轮流量红利了。

坐拥微信亿级用户量的视频号，分到的流量红利有多大呢？从各类第三方监测公司发出的微信视频号粉丝 TOP 排名来看，视频号显然还没有达到业内人士对视频号的期待，其目前仍处于蓝海阶段，如果全部放开后，这个粉丝数值还会有更好的表现。用户增长在于拉新，这里的拉新不妨圈定在微信这个生态中。先定个小目标，视频号如何在数以亿级的微信用户中吸引到第一批粉丝，成为视频号的忠诚用户，这应该是视频号第一个需要攻克的难关。

视频号是微信首个可以集中调配流量，运用推荐机制的产品。这个功能对于用户拉新和重点推荐优质内容有很大的作用，也是微信第一次尝试使用算法推荐，但具体推荐模型和算法还在不断完善中。视频号在用户增长上主要关注以下两个方面。

（一）好的内容生态

决定粉丝的增长还在于留住现有用户，这不仅是视频号创作者需要解决的问题，也是视频号接下来面临的一大难关。这也是为什么视频号测试期这么长的原因，视频号和用户、创作者还需要一段磨合期。

视频号和其他短视频平台相比，内容和抖音、快手，甚至是微信订阅号等风格大体相同，无非几种：娱乐搞笑的生活片段，有价值的知识信息，时效性强的新闻等。在内容上各家差别不算太大，甚至有的创作内容只是简单地"搬运"，但无论是从内容时长还是画质和后期剪辑的角度来看，视频号目前整体风格偏向于大众化，观看体验并没有太多亮点。

视频号的个性化推荐机制算法是建立在个人订阅基础上的，这与抖音和快手的推荐机制算法类似。

从官方的介绍中可以看出，推荐机制目前主要有以下两种。

- 一种是社交推荐（主动扩散到微信群或朋友圈）。
- 一种是个性化推荐（通过分析用户标签来进行内容匹配推荐）。

要想打造爆款内容，就必须了解微信视频号的以下算法。

- 推送算法：微信视频号怎样选择内容推送给潜在受众？
- 推荐算法：微信视频号选择推荐哪些内容给更多人？
- 审核算法：微信视频号如何判断内容违规？

笔者根据近期使用体验，将视频号推荐机制归纳为以下 3 步。

- 当视频号作者发布内容后，会首先推给已关注视频号的好友用户，如果该好友不感兴趣，则不会触发推荐机制，该视频仅获得一次浏览流量。
- 如果该好友感兴趣，并且对视频进行了互动或评论，则会触发推荐机制，当有多位好友共同评论，该内容被推荐的概率会更高。
- 经常联系聊天互动的好友频繁关注和浏览该视频号也会被推荐给好友，以此循环，基于熟人社交的次级关系将产生裂变。

以下是获得权重的规则。

- 建群点赞打卡模式基本无效。
- 一个身份证注册下的微信号进行群发，系统只会计算一次。
- 真实点赞高的视频会得到推送。
- 优质视频会通过社交关系推荐给陌生人。
- 优质内容会被反复推荐给新人。

表 1-1 为视频号与其他平台的内容和属性对比。

表 1-1 视频号与其他平台的对比

平　　台	公　众　号	视　频　号
内容	图片/文字/视频	视频
互动	留言上墙 无法互评	可直接留言 可互相评论
平　　台	朋友圈视频	视　频　号
位置	发现 – 朋友圈	发现 – 视频号
范围	朋友们发的内容	全网均可以看到
平　　台	抖　　音	视　频　号
内容	短视频	短视频 + 图片 + 文字
引导关注	UP 主名称下方	进 UP 主页才能看到
观看方式	全屏沉浸式	全屏沉浸 + 互动观看

（续）

平　台	微　博	视　频　号
内容	图文/长文章/短视频	短视频＋图片＋文字
引导关注	UP 主名称旁边	进 UP 主页才能看到
互动方式	转发/评论/点赞	转发/评论/点赞/收藏

视频号主要以推荐机制和审核机制来提升原创比例，加大力度支持创作者在视频号首发原创内容。表 1-2 为视频号与抖音和快手的相关数据对比。

表 1-2　视频号与抖音和快手的相关数据对比

属　性	视　频　号	抖　音	快　手
平台定位	人人均可以创作和记录的平台	短视频平台，强运营，重打造爆款	社交＋平台，重视私域流量
用户规模	10 亿＋微信用户	6 亿＋日活跃用户	5 亿＋日活用户
流量来源	微信平台流量	自身及外部流量	自身及外部流量
内容类型	资讯、知识、娱乐等内容	娱乐、剧场、生活等内容	生活、趣味、搞笑、猎奇等内容
推荐机制	社交、互动评论、点赞、兴趣	智能分发：用户兴趣标签、播放量（完播率）、点赞量、评论量、转发量	内容推荐基于时间线而非内容关注，重视用户和创作者、社区之间的黏性

用户是根据内容来留住用户的，增加用户的黏性主要还是靠内容。如果想要留住用户，增强用户的黏性，优质的内容创作和差异化的内容创作十分关键。对于后入场的视频号来说，打造一个好的内容生态是平台生存下去的底线。

（二）打通微信生态

视频号除了可发布 60 秒视频以外，还可以发布带有文章链接的内容，为公众号引流，提升内容在微信内部的流动率，这种形式或将改变微信内部的信息流动方向。将公众号由单向分发变为多向传播，大家可以根据自己的需求随意创作。

视频号还可以作为连接微信与其他独立 App 的桥梁，比如公众号、小程序和微信圈子、微信商城和第三方商城（京东、拼多多）等，可以实现其他短视频平台不容易做到的营销生态闭环。品牌主把用户沉淀到私域流量的机会将得到大大提升，相对于其他平台，引流折损更低，这也是吸引众多品牌主、个人创作者入局视频号的重要因素之一。

对于大多数围观者或者尝鲜者而言，尝试一个新的渠道形式已经显得不是那么重要了，大家看重的都是视频号背后的微信生态。

三、顺势而生：5G 迎来井喷期的短视频时代

提到 6G 或 5G，大家可能会想到物联网、云计算、人工智能或虚拟现实等，当然备受瞩目的还少不了短视频。短视频的蓬勃发展，离不开移动互联网的广泛普及。5G 技术的普及化和 6G 技术的实破将让移动传播迎来新变革和技术红利期，为短视频内容创作开辟新空间，我国传媒的整体业态格局也会发生变革。

从技术发展层面看，技术的突破与发展推动短视频发展。5G 及未来的 6G 将以更低的延迟、更快的网络传输速率和更优惠的使用费用极大推动短视频业务开启新一轮爆发。当然 5G 及未来的 6G 的妙处并不仅仅是让通道变宽、网速加快那么简单，其将是一种全新网络，将万物以最优的方式连接起来，如果短视频行业衔接这种全新的移动技术优势，将有望创造全新的商业模式。

随着 5G 及 6G 时代的来临，搜索将会进入视频化时代。近两年，随着短视频平台的用户和内容需求急速增长，传统短视频内容的制作产出流程依然存在不少瓶颈，当硬软件越来越智能化，短视频行业将随着 5G 及 6G 技术的赋能，带动整个行业迈向更高点。

微信本身是中文世界里非常庞大的内容生态平台，当它把视频这种"语言"全面接入之后，吸引着原有的内容生产者和消费者迅速接纳、学习这种"语言"，巨大红利机会激发人们把这种"语言"发挥得淋漓尽致。可以说，视频号就像一个大熔炉，把微信生态原来沉淀和未来产生的内容融合成视频这种大家更加喜欢的内容，随着 5G 的成熟和 6G 的发展，将会迎来大井喷。

四、新风口：牢牢抓住视频号的红利期

前面介绍了，腾讯推出了视频号，用来弥补微信在短视频领域的短板。视频号的推出必然是一块大蛋糕，在微信的菜单中给的是高级入口，和朋友圈具有同等级别，这说明微信是把视频号当作战略级产品对待的。如果大家曾经错过了抖音、快手等红利期，那么视频号的红利与未来就别再错过了。

（一）何谓"红利期"

所谓红利期，指的是一款新事物出现之后所经历的福利增长期。说得简单

一点，视频号这个新平台很公平，人人都有机会，新机遇意味着利益重新分配。视频号本身属于微信这个流量巨池中的一员，私域流量非常强大，是引流和变现的最佳利器之一，因此现在正处于它的红利期。

(二) 抢占先机很重要

在视频号这一新领域，可以说它是人人可以参与，人人都有可能成功做起来，并且是以低成本运营的最佳平台之一。当微信视频号还处于发展阶段时，这恰恰是创作者入驻的绝佳时期。

第二节　产品策略和平台定位

大家知道，网络上所有的设备都必须有一个独一无二的 IP 地址。现在网络的发展赋予了 IP 很多更新的含义，比如它可以代表一类人、一种品牌符号或是一种价值观。

一、产品策略：打造更精准的 IP

互联网时代，每个人都需要有个人品牌。我们需要打造自己的影响力，因为"展现个人"的时代到了。

(一) 个人 IP 的重要性

当前处于个人 IP 被提出来的时代背景，没有互联网，没有以人为中心，就没有个人 IP。打造个人 IP，也就是确立人物定位，强化个人优质标签，让客户在有特定商业需求的时候优先想到自己。

(二) 个人 IP 的好处

1. 降低陌生人了解视频号的成本
如果视频号有了个人 IP，首先，人们更容易对该视频号率先完成认知过程，帮助视频号高效积累粉丝，构成自己的客户资源和提升商业价值。没有 IP 的人，别人了解自己就需要花费更多时间、精力和金钱。

2. 增加客户对视频号的信任
个人 IP 可以帮助用户更容易获取别人的信任，赢得更多的合作机会。商业交易活动就是建立在信任的基础上的。如果缺乏个人 IP 的塑造，那么很难让别人产生信任感。

3. 拥有更多的话语权，聚焦个人影响力

很多话不在于意思本身，而在于谁说。有了 IP 形成的权威和品牌，大家就会更加愿意听，也更加愿意相信，这就是价值。今天的互联网时代竞争其实就是 IP 的竞争。如果个人 IP 运营得当的话，个人价值可能会转化成品牌价值，品牌价值慢慢凸显之后又会反过来烘托个人价值，品牌价值和个人价值在未来的发展过程中相辅相成，提升个人影响力。

4. 可以将个人爱好变成赚钱的工作

使得某些人不再是为了工作而去工作，而是因为有兴趣才会有动力去工作。

二、平台定位：视频号汇聚的是人心

视频号是腾讯推出的短视频产品，是微信生态战略级的产品，坐拥微信亿级流量用户，不用跨平台交流，可以说极大降低了用户的使用成本。能够实现公域流量与私域流量的叠加，这也是区别于其他短视频平台的重大优势。图 1-2 为私域流量和公域流量的对比。

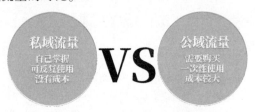

图 1-2 私域流量和公域流量的对比

（一）内容优势：人人皆可创作，普通人也有机会

视频号是一个人人可以记录和创作的平台，也是一个全新的内容创作平台，更适合普通人参与。但是在内容上，视频号由于推出较晚，因此更加注重精致的内容，而不像其他短视频平台那样因为推出较早，导致内容参差不齐。视频号是一个超级社交名片，能够通过好友观看、点赞、转发等方式扩大社交圈子，吸引更多的人点击观看。

（二）平台价值观：去中心化

视频号尊重真实、有趣、专业的作品。少了某些短视频平台那般华丽的包装外壳，更加注重内在的真实表达。再加上微信的社交互动属性，那些温情、真实并且实用的内容会更受青睐。

（三）视频号推荐机制：强调公平

视频号推荐机制是社交推荐＋个性化推荐，并不是粉丝多则视频播放数量和点赞就多。视频号更看重视频内容，抓住用户的痛点，让他们得到所需要的内容。引导使用者去关注创作者，而不完全只是沉浸式体验。这让所有人重新回到起跑线，给了普通人更多公平的机会。

最后大家不要将视频号简单理解为短视频的机会，而是要和微信已有功能整合在一起。在未来，预计视频号会有更多的流量入口，为更多普通视频创作者创造更多的红利。

第三节　视频号未来趋势

利用视频号打造真实的个人 IP。注意一定是真实、真诚地展示自己，人们利用互联网是传播真实并且正能量内容的，不要去做任何虚假的内容。

一、真实 IP：视频号将打碎虚伪人设

人设是一种标签，要想让别人快速认识该视频号，最好的方式就是给自己贴标签。告诉别人自己是一个怎样的人，有一段怎样的经历，有什么事业成就，能给别人提供怎样的有价值的内容等。

这里的人设并不是靠创作者在脑海里凭空想象出来的，而是用户通过观看视频内容真切能感受到的。自己是什么样的人，就会吸引什么样的观众。而且一旦确立了人设，就不能轻易改变，长久坚持输出才能给粉丝传递稳定清晰的形象。

一般鼓励真人出镜拍摄短视频，特别是需要开设剧情、"种草"类的视频号。由真人出镜，演绎一个有代表性的人物角色，上演一段真实生动的故事，把剧本的灵魂呈现在观众面前，将枯燥的文字内容以一种艺术的形式表现出来，如果能引起观众强烈共鸣，那么可以说这个短视频创作是成功的。在视频创作过程中难免会遇到一些小瑕疵，创作者真切地表演可以让原本普通的剧本更加出彩。当然也并不是非要求可以像明星一样做到完美的表情管理，至少要让表演看起来不那么生硬，在创作过程中尽最大程度打造属于自己的 IP 人设。

二、AI 和大数据：驱动数字化营销必成大势

由于移动化的影响，位置数据、物联网数据日趋丰富，数据的维度也越来越高，随之而来的是数据营销地快速跟进，属于数字化营销的时代正在悄然崛起。

在大数据平台的支持之下，消费者通过在网络上搜索自己喜爱的品牌，在理性与感性因素的双重影响下做出关于企业品牌的判断，这些包括账号资产、内容资产、声量资产等就形成了一个企业的无形资产。这些无形资产对企业的营销具有指导性建议，可以配置营销资源，优化企业的营销策略，实现营销活动的可预测化、全链路自动化。数据驱动营销，将是未来不可逆的趋势。

AI 和大数据技术的飞速发展给营销带来了翻天覆地的变化，智能营销是将计算机、物联网等科学技术应用在品牌营销上的创新型营销概念。与之相对应的 AI 智能营销则是指借助云计算、大数据、人工智能等理念研发出可以为数字营销提供智能服务、智能匹配、智能标签化、智能获取、智能执行的具备智能化和自动化的数字营销工具及平台。理性的数据分析与感性的用户互动沟通并行，新时代的营销表现为大数据和 AI 加持下的营销智能化，AI 技术正在驱动新的数字营销时代。AI 和大数据等技术在营销领域的应用，扩展了营销的可能性，也让营销效果的量化要求水涨船高，增长导向大势所趋，理解技术、善用技术已经成为营销人员的基础素质。传统的营销在 AI 和大数据的加持之下必将更加注重个性化，其运行过程和影响如图 1-3 所示。可以毫不夸张地说，AI 是解放数字营销效率的重要生产力。

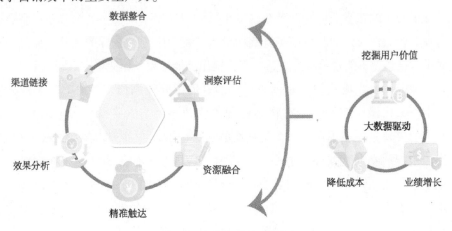

图 1-3　大数据营销示意图

三、垂直细分内容：平台的商业价值凸显

微信体系中的流量，大多是私域流量，只有好友才能看到个人朋友圈的内容，只有关注自己的粉丝才能看到公众号的推送。但是视频号被引入到了公域流量，自己发的视频可能有机会被所有使用微信的人看到，这就是一个巨大的流量池，如果视频号的内容够劲爆，则可以获得更多的流量。

微信坐拥超过数以亿计的用户，每一个小小的变化，都会呈几何数量级地无限放大，从而产生巨大影响。

视频号扎根于微信，既不缺流量，也不缺用户，能够吸引如此多的短视频创作者加入其中，肯定离不开它的商业价值，有价值才有去实现价值的动力。

视频号是推广品牌的一件利器，无论是企业品牌还是个人品牌都可以通过视频号进行推广，在信息化不断快速发展的背景之下，一家企业或者一个人，不管是小生意还是大买卖，只要有一个完整的品牌意识，就可以通过视频号做自己的品牌代言人，让视频号给自己的品牌带来更多关注。

在微信的体系内，有公众号、企业号，还有小程序等多种功能性产品，在内容生态体系的搭建上已经十分完备了。无论是新闻资讯还是各种功能性的工具产品，都能在微信平台内轻松获得相应类型的服务。视频号以视频的形式来进行各种内容输出，大大提升了传播范围和用户的可接受程度，是当前最为有效的内容输出方式之一。

如何把视频号蕴藏的巨大商业价值挖掘出来，是每一个企业、每一位视频号创作者共同努力的方向。

四、市场革新：视频号将能成为未来趋势

微信视频号在 2021 年迎来了蓬勃发展的态势，无论是个人还是企业都积极参与进来。那么未来微信视频号还会有哪些趋势呢？

（一）视频号 + 公众号

现有的趋势就是打通视频号和公众号，视频号支持在公众号图文消息中以卡片的形式插入，每篇文章支持最多插入 10 段视频。公众号与视频号的双向打通，不仅扩大了流量来源，依靠公众号这个庞大的内容平台，也将促进公众号作者生产视频内容，同样在生产和消费内容两端都有了极大的提升。在商业化

上，这两个平台也将有更大的发展空间，形成更完善的内容生态。

 视频号 + 小商店

视频号与小商店的打通，实现了内容与商品的无缝连接，从而提供了公域流量视频号变现的可能。

 视频号 + 直播

直播除了能使电商变现（带货），还能产生各种打赏等虚拟商品的收入，丰富了整个产品的商业化形态。不过目前微信平台的直播还未与商品打通，同时也不支持虚拟物品打赏等功能。但是，随着直播功能进一步完善，这些功能的实现也将不再遥远。

第四节　初识视频号

视频号将成为中国品牌和企业对外的新"名片盒"，微信视频号将部分替代品牌官网的作用对外展示新的企业品牌。下面学习如何开通视频号。

一、小白入门：开通自己的视频号

下面介绍一下视频号的入口，以及如何注册视频号。

01 打开微信的"发现"页面，进入"视频号"，如图1-4所示。

02 找到视频号注册入口，单击右上角按钮进入，如图1-5所示。

图1-4　视频号入口

图1-5　注册入口

03 进入实名注册页面，上传头像、填写名字（不超过 10 个汉字长度，一年仅两次修改机会）、填写简介（不超过 400 字），选择性别、地区，最后单击 创建 按钮注册完成，如图 1-6 所示。

04 注册完成后即可单击 📷 按钮发布视频内容了，如图 1-7 所示。

图 1-6 实名注册页面

图 1-7 发布视频页面

二、重中之重：个人 IP 和短视频内容定位

短视频选题的方向，是可以研究在微博、抖音和快手等平台上优秀 UP 主的内容方式，在第一时间内把它变成自己视频号上的内容，以此抓住新的风口，如图 1-8 所示。

图 1-8 短视频内容定位

视频号内容定位有以下两个关键点。

 创作什么视频内容

选择自己擅长的领域或兴趣爱好的方向,敲定做哪个领域,就立刻去数据平台拆解相对应领域的类目,一定不能反复换领域,否则最终下来会发现一事无成。参考同行账号、做竞品分析、从账号内容的优缺点来分析同行的不同点,借鉴他们做得好的地方,不断优化自己的账号和内容。注意不要光顾着分析竞品视频,一个优秀的视频创作者,还得会分析用户习惯和突出自己的特色,总结哪些时段的流量好,减少自己的试错时间,不断优化自己的内容。

 传递什么价值

这里的价值一定是正能量的,符合现代社会的价值观。视频内容带给观众的不能是过眼烟云,更不能看完后没有什么实际的收获。视频内容应该流露某些个人或者时代的价值,视频带给用户的价值才是视频内容的"灵魂"所在。

三、内容产出:视频制作规范与内容上传

视频号内容发布要符合平台规则,否则将会被处罚甚至封禁。

- 主页不可有诱导违规的内容。表1-3为主页内容易犯的错误。

表1-3 主页内容易犯的错误

编号	位 置	说 明
1	个人简介	不可以有导流到其他平台的嫌疑
2	用户昵称	不可以夸大引起资质质疑
3	头像	不可以上传导流等违规头像
4	主页封面	不可以有导流到其他平台的文字或图像

- 发布的内容不可有导流操作,比如在视频里放其他平台的二维码,诱导观众关注自己在其他平台的账号等。
- 内容不可有各种不好预测的敏感词。
- 短时间频繁评论或点赞会被官方系统禁言甚至封号,如图1-9所示。
- 文案、图片不可有诱导导流操作,含有下载某软件的链接等信息,以及注册、登录某邮箱等敏感词都会被限流。
- 视频素材含有版权的商标或者logo都会被限制传播。

图 1-9　系统通知页面

- 视频素材引用了政治人物的图片。
- 在视频号背景或者字幕中各种诱导关注、评论和点赞的信息均会被屏蔽。
- 平台鼓励原创内容，抄袭或者搬运他人视频的行为会被举报。表 1-4 为视频号后台部分违规引导操作。

表 1-4　视频号后台部分违规引导操作

编号	形　式	操 作 手 段
1	恶意注册账号	批量注册、虚假信息注册、买卖视频号
2	诱导用户	胁迫、煽动、诱导用户分享、关注、点赞、评论等
3	刷播放量	利用外挂程序
4	骚扰他人	批量发送骚扰信息或垃圾信息
5	侵犯知识产权	抄袭和搬运他人作品，情节严重者会直接封号
6	泄露他人隐私	未经授权发布他人身份证、联系方式、地址等隐私信息
7	发布不实信息	没有事实依据、罔顾事实、隐瞒真相信息
8	误导类信息	标题含有脏话，危害人身安全，惊悚、极端内容等话语
9	损害青少年身心健康的	校园欺凌、未成年人饮酒、吸烟、吸毒、弃学、打架斗殴等
10	令人极度恐慌的	不可出现人或动物自杀、自残、被杀等极度不适的内容

四、视频号装修：打造靓丽的视觉效果

俗话说："人靠衣装、美靠靓装"。正式输出视频号的内容之前，不妨多花些心思包装好自己的视频号，打造"内外兼修"的视频号。

单击视频主页"..."按钮，进入"设置"页面，可以进入名字、头像、性别、地区、简介等资料信息的设置界面，如图 1-10 所示。

图 1-10　视频号资料设置入口

（一）视频号装修——昵称篇

一个好的昵称可以让粉丝留下深刻的印象，好昵称需要具备以下几点要求。

- 简单易记。
- 避免重复，便于搜索。
- 展现人设，突出定位，表 1-5 为视频号昵称起名参考。

表 1-5　视频号昵称起名参考

需求定位	起名效果	案例
个人 IP/企业品牌	突出个人品牌昵称	李子柒、papi 酱
	突出兴趣	警花说、纽约酱
	突出专业	PS 教程知识、PR 小技巧
品牌宣传	突出产品或品牌	小米、光明日报
真名或笔名	大家能产生亲切感	房琪 kiki、所长林超

（三） 视频号的装修——头像篇

视频号头像不管是对于个人还是对企业都是一个非常重要的象征。设置一个让粉丝一眼认出、有个人特色的头像会更加吸引别人关注。

- 一般来说不建议经常更换头像，经常更换不利于自身的推广。
- 头像不能用明星头像，视频号是一个公众平台，用明星照片做头像相当于侵犯了明星的肖像权。
- 如果想走专业路线，建议头像选择不要太娱乐化，否则会影响视频号的品牌影响力。

（三） 视频号装修——简介篇

简介不管对个人还是企业来说，都是非常重要的信息，也是陌生人了解自己的一种重要信息渠道。那么如何写好简介就显得非常重要了。

视频号简介要点如下。

- 视频号简介支持换行排版。
- 可以插入表情或符号。
- 支持超过 10 行以上的文字输入。
- 可以放上优秀简介展示。

第五节　打造优质视频号的思维模式

在当前的信息时代，"爆款"一词的威力巨大，好像蕴藏着无数能量，成为品牌竞相追逐的目标。

一、爆款特质：满足用户需求

想要做出爆款视频，不是看我们能够提供什么，而是看用户需要什么，抓住用户的痛点，产出用户喜欢的视频内容，才有可能成为爆款视频。

首先要了解自己的受众用户。清博指数推出了微信视频号影响力指数，通过分析这些榜单数据可以为我们提供视频创作方向，如图 1-11 和图 1-12 所示。明白自己第一批引爆的人群是哪些人，挖掘他们的需求，找到能满足他们需求的特质。

微信视频号（时尚类）榜单 ▼　　　　　　　　　　　　　　　　　　　　　+ 申请入驻

周榜 | 月榜　2021-03-15~2021-03-21 ∨

即日起，即将视频号类实类同榜停止更新，合并至时尚类冷单内。如需定制求目，请联系客服。

排名	名称	作品总数	最高点赞量	最高评论量	总点赞量	篇均点赞量	总评论量	篇均评论量	WVCI
1	护肤肤	8	62769	1727	74539	9317	1877	235	787.23
2	时光随裁大师感	21	46761	1652	92621	4411	3115	148	777.30
3	美容护肤导师	9	91931	461	19W+	21608	851	95	774.31
4	时尚奶奶	3	25827	490	53782	17927	1118	373	755.90
5	SDEER	1	50036	309	50036	50036	309	309	752.00
6	广告狂热公子了	36	29347	851	82716	2298	3100	86	741.96
7	渝大公子来了	7	1892	1131	9568	1367	6438	920	705.01

图 1-11　微信视频号影响力指数 1

3	美容护肤导师	9	91931	461	19W+	21608	851	95	774.31
4	时尚奶奶	3	25827	490	53782	17927	1118	373	755.90
5	SDEER	1	50036	309	50036	50036	309	309	752.00
6	广告狂热公子了	36	29347	851	82716	2298	3100	86	741.96
7	渝大公子来了	7	1892	1131	9568	1367	6438	920	705.01
8	小北爱吃肉	3	4790	829	8992	2997	1542	514	694.71
9	你的醋姑娘	30	15985	558	52743	1758	1199	40	689.85
10	二战A	4	4377	564	13619	3405	1285	321	685.94
11	欧美街拍	14	10992	436	33123	2366	1104	79	684.01
12	艺术绘	13	51822	145	61054	4696	429	33	683.71

图 1-12　微信视频号影响力指数 2

　　"爆款"视频的创作，基本上是围绕三点来构成的，类似于一个判断公式。简单来说就是理解人性、引发共鸣和源于生活。

 抓住社会痛点，尽可能还原现代人生活

　　抓住现代人的生活痛点，是打造"爆款"非常好的方法。春运、运动、减肥、亲子、理财、养生等围绕当代人生活的各方面标签，都可以当成创作视频的内容。

（二）引起观众的共鸣

共鸣即用户的观点和创作者的观点一致。若达到共鸣，那么爆款的出现就指日可待了。找到爆点，或者说是找到一个社会共鸣度才能决定"爆款"的影响力和生命力，从情感出发，找到符合社会价值的价值观。实际上，想要达到"共鸣"并不容易，很容易沦为心灵鸡汤式的营销，令人厌烦。

（三）视频内容源于生活，却高于生活

"爆款"的秘诀是"接地气"，"爆款"和"接地气"几乎是近义词。简单来说就是通俗的、接地气的、价值观朴实的、能让观众明确理解想要传达的内容。

二、抢占类目：红利期下的短视频

微信视频号是一个人人可以记录和创作的平台，也是一个全开放的平台。该平台希望所有品类的创作者都会被包含，所有类目的优质内容都能以平等的方式被用户发现，也希望每一个创作者都能公平地在视频号找到自己的创作空间。

在正式开始视频号创作之前，不妨花费一些时间调查一下当下受欢迎的视频优质类目，正所谓磨刀不误砍柴工，前期做好充足准备为后面视频号内容地精细创作打下坚实的基础。表 1-6 为 10 种爆款视频号的选题策划方向。

表 1-6　10 种爆款视频号的选题策划方向

编号	类　型	策　划　解　读
1	教育	教育内容经久不衰，容易产生共鸣，尤其是 5G 及 6G 的到来，进一步促成了网课的火爆
2	实用技巧	直戳用户痛点，能解决问题，如生活小妙招、PS 去水印、PR 剪辑视频和手机拍摄方法等
3	美食	美食始终是男女老少的最爱，看着都很过瘾，能学一两招的话那就有很大的实用性
4	科普	结合当下热点，如"三孩政策""该不该定期体检"等
5	社会热点	每天都有社会热点，但做这一类一定要用正确的观点进行报道
6	猎奇	好奇是每个人的天性，善用人性是一种手段

（续）

编号	类 型	策 划 解 读
7	健康	现在越来越多的人追求养生，健康是一个好的切入点
8	萌宠	萌宠的市场庞大，猫猫、狗狗都很可爱，让人无法抵抗
9	游戏	游戏解说、游戏录制和游戏技巧等均可以录成视频后进行剪辑，做成精简版的演示教程
10	拆箱测评	利用观众对产品的好奇，以及产品自身的属性，是一个非常巨大的市场

制作前还可以调查一下当下受欢迎的视频号主流类目，如表 1-7 所示。

表 1-7　受欢迎的视频号主流类目

颜 值	才 艺	兴 趣	教 学	名 人
小姐姐	舞蹈	健身	PS 教学	新闻人
帅哥	唱歌/弹琴	美妆	PR 剪辑	大 V
萌宝	播音	摄影	母婴护理	明星
	魔术	游戏	英语教学	著名学者
	美术	旅拍	金融学	
	搞笑		乐器教学	
	手工		办公教学	
	美食		计算机考试	

三、平台规则：了解爆款逻辑和理解私域流量

想玩转视频号，分得视频号的一杯羹，一定要先明白该平台的底层逻辑和推荐算法机制。在此基础上才可以有针对性地去迎合平台，顺理成章做出爆款。

平台的算法逻辑需要运营者自己去摸索。平台的属性不同和算法逻辑不同，怎样让优质的内容突围，让优质的内容能被平台发现，被算法识别，而不是还未被看见就已经被埋没，借助运营经验让内容出圈这才是关键。视频号的本质是用私域流量撬动公域流量。

视频号的算法推荐主要两种。第一种是私域流量推荐。首先我们要理解什么是私域流量，私域流量是相对而言的，指的是不用付费，可以任意时间、任意频次，直接触达用户的渠道，比如，自媒体、社群、个人微信号等。

第二种是兴趣算法推荐。私域流量是基于微信的社交朋友圈进行推荐，用

户可以看到自己朋友的点赞，熟悉他们的兴趣品味。在通常的短视频平台，用户只会看到自己喜欢的内容，但在视频号平台上，用户会看到更多自己社交圈朋友喜欢的内容。打开视频号的起始页就是朋友的点赞视频。因此，视频号的出圈不仅仅要靠优质的内容，还要靠精细化的运营。

总结来说，视频号的本质是私域流量撬动公域流量，最根本的问题不是谁入局入得早，而是谁明白了这一算法逻辑，并且拥有第一波精准用户画像的私域流量才是关键。

四、视频号审核机制：拆解热门算法和裂变式传播

"裂变"一词来源自原子弹或核能发电厂的能量来源，就是"核裂变"。其原理就是用中子撞击原子，会产生一种链式反应。这种链式反应，在营销上，就叫裂变式传播。如果一个传播活动顺利走过裂变层，很有可能取得指数增长的效果，达到裂变式传播。

在视频号里面，用户点赞了某个视频，那么该用户微信上所有的好友都可以看到这条视频。如果好友点赞该视频，那么他们微信上所有的好友也都可以看到这条视频。这种裂变是近乎无限传播的，拥有很强的传播力，如图1-13所示。

图1-13　裂变示意图

微信的推荐算法主要有两种，一个是社交推荐，比如自己的好友发布和点赞的内容，会优先推荐。另一个是系统推荐，系统会根据用户的日常行为、活动轨迹和兴趣、职业、年龄等标签，通过一系列大数据算法，推测出用户可能喜欢的内容。视频号的推荐算法是基于微信本身，首先是社交，然后才是系统

推荐。社交推荐是主，系统推荐是辅，所以视频号的运营，首先是基于社交推荐的运营，其次才要去思考怎么获得系统推荐。

五、内容为王：最佳技巧就是不使用技巧

用户数量对视频号不是什么问题，但用户花在视频号上的时长很重要。现在最值钱的是什么？短视频行业疯狂竞争的又是什么？应该是用户的时间，谁占据用户的时间更多，谁就更接近于成功。

内容为王，如果没有搜索场景的拓展和优质内容，会大幅限制企业的增长空间，所以内容将会是重中之重。内容为王、爆款为王意味着将来没有用户会关心内容创作者是谁，用户也不用知道是谁，虽然听起来不合理，但事实证明就是这样的。

视频号是内容创作的平台，优质的内容才是核心。内容的好坏，决定了用户看不看，或者花多长时间来看。如果自己的内容没有定位好、规划好，不但变现不了，而且会越做越累。要想真正地扎根视频号这个平台，优质、原创的内容必不可少。而且建议做垂直领域，内容垂直细分才更容易吸收精准粉丝。如果自己的视频在抖音、快手上大火，那么放到视频号上来，获得成功的概率也是很大的，因为观众的眼光是挑剔的。搬运、抄袭，或者出现敏感词、营销信息的一类视频在视频号里都会被当作违规而删除。

第二章

视频号上热门大揭秘

当我们真正想要做出一个优质、火爆、受欢迎的短视频内容之前，最先要了解的是这些短视频火爆的本质，以及观众的需求。只有清楚洞悉这些火爆短视频的背后带给观众的内容，才能透彻了解别人的短视频为什么能火。

第一节　了解视频号的运营技巧

想要在视频号成为一个有影响力的"网红"，要有一个很明确的定位，同时也要非常明确自己账号上的粉丝有什么样的需求，牢牢抓住用户需求，精准吸引更多粉丝，在后续的视频推送以及变现过程中才能实现精准高效的转化。

一、认识自身：认清终极服务对象

专注做自己喜欢的、擅长的、有资源的领域，笔者认为视频号主要是想打造一个视频社交，不管是否如此，做自己热衷的事，也会事半功倍。切勿贪多，各个领域都涉猎，这样不利于个人IP塑造。现在流量入口越来越多，门槛越来越低，越来越多的个人、企业、团队也更加重视视频号营销，都加入到短视频的行列里，加上平台给予的大力支持，制作技术、成本相对以前低了很多。

视频需要提供用户所需要的信息和服务。短视频展现的不仅是自己的内容输出，还需要考虑用户想要得到什么样的信息和服务。例如一个实用教程账号，需要考虑分享的知识干货对粉丝群体有没有帮助，提供的一些付费课程是不是用户想要的知识，能不能解决用户的实际问题，如果能解决问题或者提供的实用信息让用户产生了付费行为，那说明服务就是有效的。

二、打造精品：一劳永逸的原则

关于精品的定义，即思想精深、艺术精湛、制作精良的作品。

那些能够赢得广大观众喜爱、获得巨大市场价值的影视作品，无一不是坚守艺术品位、坚持正确文化导向的精品佳作，而非哗众取宠、迎合流俗的糟粕。网络视频要做到文化自觉，与时代精神相协调，才能焕发更大的活力、释放更大的价值。

当今，短视频是新媒体产品的"眼睛"。短视频渐渐成为互联网空间覆盖面广、使用率高的新媒体产品。要坚持创作精品的态度，不浮躁、不跟风，将品质扎实的原创内容和生动活泼的表达形式进行有机结合，才能做好优质内容输出。创作者要用打造产品的态度去输出内容，让每一条视频都有自己的内容逻辑；选题、标题、正文、结尾、引导词、视频简介的迭代和更新建立在数据基础上，数据考核维度可包括点赞、播放、阅读、评论、收藏、转发等。视频号的创作应该强化价值引领，坚决抵制低俗、庸俗和媚俗。不能仅仅追求爆款，而应该在视频内容上多下功夫，这样的视频号才有机会越走越远。

三、精准定位：找准自己的风格

没有谁比自己更了解自己，认识和发掘自己原本的优势，以及自己的学习能力，学习一些爆款账号的优势，充实自己的创意板块。从自身的角度出发找到适合自己的领域，做自己擅长的，从易入手，先增强自己的信心。

（一）用户视角：基于用户喜好

善于思考用户喜欢看什么，可以看看当下的热门，预测一下哪些能较长时间火下去，然后挑一个自己能做的领域来做。从用户的喜好出发，专注擅长领域，准备自己擅长的垂直领域，进行深挖，持续性输出内容。

（二）价值视角

思考特定用户的痛点和需求，为用户解决问题，创作的内容要能给用户带来价值，牢牢抓住用户的心思，锁定他们的持续关注。

四、领域定位：选定类目细节

选择领域的时候，需要选择自己喜欢且擅长的，并且能够赚钱的。

那么赚钱的领域在哪里找？答案是在新榜中找，新榜中有各个领域的精细分类。

- 文化：艺术、历史、读书、思想、小说。
- 百科：传递讲解世间万物的百科原理，或者专注于某一知识领域。
- 健康：健康、养生资讯或医疗行业情报。
- 时尚：时尚潮流、名流生活、衣装搭配。
- 美食：各地美食、美酒推荐，美食制作菜谱。
- 乐活：现代人起居生活，爱好乐趣相关事物，如户外、宠物、摄影、设计、收藏和家居等。
- 旅行：各地旅游信息推荐发布及游记等。
- 幽默：段子、笑话减压类内容。
- 情感：婚恋咨询、情感沟通、心灵感悟等。
- 体娱：体育、娱乐、明星八卦、影视资讯和网络游戏等。
- 美体：瘦身、健身类资讯，以及美容、美发和护肤保养技巧等。
- 文摘：转载整合热门内容，无明确细分定位。
- 民生：民生政策、交通服务、吃喝玩乐和打折信息等。
- 财富：财经、产经、证券和理财等。
- 科技：互联网事业发展，计算机、手机软硬件资讯和大数据新兴科技技术等。
- 创业：管理、营销和电商等。
- 汽车：汽车资讯、车市情报、驾驶技巧、路况信息和违章查询等。
- 楼市：房地产企业及楼市情报分析等。
- 职场：职场技能及培训招聘等。
- 教育：母婴、亲子、K12、高校和职业教育等。
- 学术：学术动态、前沿课题、理论思考及研究等。

五、内容定位：视频内容的呈现方式

微信时代主要以文章、图片形式表现情感内容，当在视频号上以视频形式呈现后，仍然无往不利。视频号内容呈现形式主要有以下几种。

 **真人口述形式**

一般采取的模式都是直接面对镜头，根据自己的生活经验或心得体会，针对人际交往、家庭、感情、处世态度等生活的多个侧面谈论自己的一番讲解。而视频号用户也乐于对他们的这番情感感悟发表见解，有的会表示赞同，有的则会提出自己的看法。

除了这种直白式的语录分享外，还有很多以其他形式来表现的内容。比如"一禅小和尚"的视频是以动漫形式出发，塑造了呆萌的一禅小和尚形象，探索、解答着人世间困扰普罗大众的诸多疑问，其治愈系性的情感基调很容易引发用户的心灵感触。

 音乐分享形式

表达形式更为直接的音乐类内容也一直深受用户喜爱，尤其是各类老歌分享。分享的歌曲基本都是写实类歌曲，歌词平铺直叙且画面简单粗暴，吸引特定人群的眼光。还有另外一种歌曲分享类型，歌曲类型丰富，面向人群更加广泛。每期都会围绕一个主题，结合电影片段、影像资料进行分享，给用户带来一种很强的代入感。

 情景剧形式

除了上述提到的两种类型外，还有一种频繁被刷到的内容类别是情景剧。情景剧制作成本高，对演员及场景需求大，因此制作门槛较高，后期变现不稳定，在其他短视频创作中有经验的创作者可以尝试一下。

 视频剪辑类

这类内容不需要真人出镜，常用的剪辑素材有名人名言，或者"图片+特色"文案，整体的制作也较为简单。

第二节　展现定位，让粉丝能够记住自己

成功的个人 IP 应该具有一致性，要利用个人形象和内在表达让人们感知某

种共同性，不要让人觉得生硬和突兀。角色定位可能是几个短语，也可能是一句话，确定之后在各个社交媒体账号上，在与用户的触点上都要去呈现，让人有所感知。就像一家店的招牌一样。

一、始终如一：阶段性打造自己的 IP

个人 IP 的打造，分为三个阶段。

- 第一个是初级阶段。这时候主要目的还是找客户，要求方法更多、手段更多、效率更高，更符合现代发展趋势。在各种各样的社交平台上找潜在客户。
- 第二个是运营社群阶段。这时候如果已经具备一定的内涵与气场了，能开始把不一样的一群人组织起来成为一个社群，通过社群的高效率运作，复制多个像在初级阶段的群员。这时候，需要具备一定的综合素质和综合能力。
- 第三个是成为个人超级 IP 阶段。一句话就是需要权威的专业知识和丰富的经验，成为某个领域的专家，以及真正能帮助客人解决问题的角色，客户就会不请自来。

初期最重要的就是做好第一阶段，利用透明的线上平台和网络社交工具，从传统开发客户方法入手，迅速掌握新型客户开发能力，为第二阶段和第三阶段打下基础。以后，客户群体会变得宽广很多，距离将不是障碍，能力才是障碍。

二、底层逻辑：爆款与人性的必然联系

下面总结一下视频号中爆款的主要特征。

 直白的内容更能刺激用户的情绪

很多高赞的内容都是用直接的方式来精准刺激用户的情绪。这种形式都是直切主题，并通过情感、生活、人性等能激起用户共鸣的元素来吸引关注，从而引起评论、转发和点赞。

 平民化，内容更加接地气

区别于其他短视频平台，视频号目前还有一个非常显著的特点，用户并不在意视频拍摄的精致程度，那些在其他平台制作精良的内容，视频号平台对其

往往并不买账，出现在热门的频率也相对较低。相反，接地气、平民化的表达方式反而更受用户的喜欢。

 （三）能够切实满足用户的实际需求

"有用"似乎是视频号用户关心的重点，而有用涉及的范围又非常广泛，用户非常乐于在视频号中关注那些能够解决生活中实际需求的内容，并点赞和关注。

目前看来最受用户喜爱的内容要么"有情"、要么"有用"，和人性紧紧相连，这也是视频号区别于其他平台的特色之一。

第三节　打通流量闭环的几种操作方法

随着视频号的出现，现在越来越多的商家开始做微信视频号，试图抓住风口上的红利。那么下面我们就来聊一聊做好微信公众号的运营，需要利用哪些流量渠道。

一、视频号：几何式爆发的流量渠道

使用微信公众号平台，通过对关注公众号的用户群发消息，或者发布公众号推文的方式来进行引导，让关注公众号的粉丝去观看微信视频号的内容，从而达到引流的效果。

线上商城是微信视频号引流的方式之一，用户从线上商城进入微信公众号中，通过观看商家发布的视频内容，提升用户对产品的了解，从而达成销售产品的目的。

朋友圈也是微信营销非常常用的推广渠道，是将视频号发布的内容分享到朋友圈中，来引导微信好友观看，并成为商家视频号的粉丝。

商家在做微信营销的时候，都会通过微信群的方式来运营粉丝，因此可以将视频号内容直接分享到微信群中，让社群好友从群中观看，使其成为视频号粉丝，从而为后期的变现做准备。

二、公众号：让用户更加了解自己

视频号基于社交进行传播，具有很强的公域性。公众号基于订阅进行信息获取，兼具公域性和私域性。两者的绑定，也起到了相互推广的作用。

视频号可以带公众号文章链接，利用视频号的文章链接可以直接给公众号导流，同时利用公众号也可以分享关于视频号的相关文章。

打通视频号和公众号之间的渠道对于视频创作者来说是一件非常有利的事，一键实现从公众号到视频号的引流能够让创作者更好地运营自己的私域流量。而打通视频号和公众号这个做法也让人们看到了微信生态中更加良性的发展趋势。

对于视频号创作者来说，打通视频号和公众号不仅仅是内容生态的整合，更重要的是能够更好地完成用户转化。

微信视频号和公众号绑定操作如下。

01 单击"发现"–"视频号"按钮，进入视频号页面，如图 2-1 所示。

图 2-1　视频号入口

图 2-2　个人视频号入口

02 单击右上角 按钮，进入个人视频号，如图 2-2 所示。

03 单击个人头像，进入个人视频号主页，如图 2-3 所示。

04 单击个人视频号主页右上角"..."按钮，进入个人账号设置页面，如图 2-4 所示。

图 2-3　个人视频号头像

图 2-4　个人视频号设置入口

图 2-6　公众号设置入口

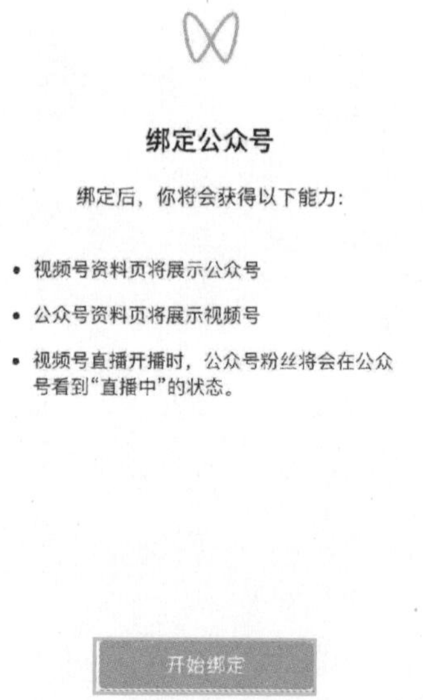

05 单击最下面的"账号管理"按钮，如图 2-5 所示。

图 2-5　账号管理入口

绑定公众号

绑定后，你将会获得以下能力：

- 视频号资料页将展示公众号
- 公众号资料页将展示视频号
- 视频号直播开播时，公众号粉丝将会在公众号看到"直播中"的状态。

开始绑定

图 2-7　绑定公众号页面

06 单击"绑定的公众号"按钮，如图 2-6 所示。

07 单击"开始绑定"按钮，如图 2-7 所示。

08 输入公众号 ID，单击"绑定"按钮，如图 2-8 所示。

　　一个视频号可以绑定多个公众号，并显示在这些公众号的资料页上，但视频号资料页只显示一个公众号。

绑定新公众号

可绑定相同主体或管理员的公众号。

公众号ID　　　如"微信派"为wx-pai

绑定

图2-8　公众号ID设置页面

09 审核通过后，即可完成绑定。下面是绑定过程中的要求。

- 企业/机构视频号：视频号和公众号需要是相同的主体，才可以绑定。
- 个人视频号：视频号绑定的公众号不用同名，只有视频号和公众号是相同的管理员，才可以绑定。

以短视频为代表的视频号和以图文为代表的公众号，相互融合、互为补充，从而打通微信生态的流量闭环。

三、微信小程序：让应用触手可及

视频号与小商店打通，则意味着微信内的直播带货多了一个入口。

（一）如何开通微信小商店

01 在微信上搜索：小商店助手，单击该图标可以进入小程序。

02 单击"免费开店"按钮，选择创建类型，单击"下一步"按钮即可成功开通，如图2-9所示。

图2-9　创建小商店

视频号如何关联小商店

下面介绍如何在视频号中关联小商店。

01 进入视频号中，单击右上角 按钮，进入个人视频号页面。单击下方的"商品管理"按钮，再单击"关联小商店"按钮，即可关联个人版的微信小商店。

02 单击下方的 进入小商店 按钮进入小商店，会自动跳转到个人微信小商店小程序，如图2-10所示。

图 2-10　关联小商店

如果关联的是企业版微信小商店，在关联时要注意，仅仅是开通状态的微信小商店是无法与视频号关联的，需要完成开张任务才可关联。表2-1为微信小商店的企业/个体户和个人的区别。

表 2-1　微信小商店的企业/个体户和个人的区别

	企业/个体户	个 人
开通流程	营业执照、经营者/法人信息、超级管理员信息；验证账户；基础信息填写；签约开张	经营者信息、签约开张、签署协议
功能	登录PC端、动态管理、直播、优惠券、数据中心等功能	登录PC端、动态管理、直播、优惠券、数据中心等功能
收款账户	企业对公账户，个体户可选择对公或私人账户	私人银行账户
数量限制	1个微信号能申请3个"企业和个体"为主体的小商店	1个微信号仅能申请1个以"个人"为主体的小商店

（续）

	企业/个体户	个 人
修改次数	昵称和头像为 5 次/年；简称为 2 次/年；介绍为 5 次/月	昵称和简称：3 次/年；头像：5 次/年；介绍：5 次/月
收款限额	不限	正常上线 1 万元人民币/日，交易良好提升至 20 万~30 万元人民币/日，交易异常下降至 5 万元人民币/日。信用卡不超过 1000 元人民币/日，不超过 1 万元人民币/月

目前不支持变更店铺类型，小商店不收取任何服务费，仅对单笔交易收入扣取订单金额的 6‰手续费，后续针对不同类别的商家将规划对应的优惠政策

四、腾讯直播：变现法宝

微信的直播带货都是基于小程序的，以往用户可能需要从公众号、朋友圈广告进入直播间，现在则增加了视频号这一新入口，完善了微信直播带货的基础功能。微信做的直播带货与淘宝、抖音和快手是不完全相同的，在微信里更多还是靠社交裂变。

进入视频号个人界面发起直播，就可以直接进行直播，也可以向自己的粉丝提前进行直播预告。预告信息显示在视频号下方，如图 2-11 所示，粉丝可以预约直播，主播则可以撤销预告。直播开始时，预约过的用户就能收到开播通知。

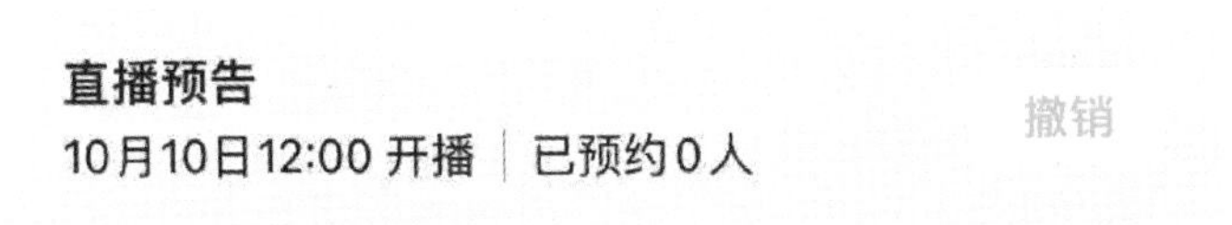

直播预告

10月10日12:00 开播 | 已预约0人

撤销

图 2-11 直播预告提示

目前视频号直播无法对直播间光线、磨皮、滤镜进行调整，也没什么配乐选择，只能根据要求调用前置摄像头和后置摄像头，功能相对简单。

在用户端，用户可以通过单击右上角的"..."按钮将直播分享至好友或朋友圈，也可以关闭评论或对直播窗口进行最小化等操作。最小化的直播窗口和视频聊天窗口最小化的效果一致，用户可以拖动窗口改变其位置，再次单击即可重新回到直播界面。

在主播端，主播单击"在线观众"按钮后可以看到观众的 ID 和头像，主播也可以对用户进行禁止评论，移入视频号黑名单或投诉等操作。

整场直播结束后，主播能够看到观众总数、喝彩、直播时长、新增关注等相关数据，用户则只能看到直播已结束，前往个人主页的指引。

五、企业微信号：巩固私域用户

 企业微信号优势

企业微信号是一个应该好好利用的平台，原因如下。

1. 不会有封号威胁

企业微信号是私域流量运营的沃土，在没有涉及相关违规操作的前提下，正常的转发和聊天等行为，账号是很安全的。

2. 可以进行大规模私域流量运营

企业微信号可以容纳 5 万好友，让流量池规模化。

3. 帮助企业沉淀客户资源

用企业微信号搭建私域流量，客户始终属于企业，保证公司的资产不会流失，员工的行为也易于管理，从而更好地掌控风险。

 视频号连通企业微信号

下面介绍一下视频号如何连通企业微信号，从而搭建企业的私域流量池。

1. 结合视频号内容：内容分享裂变

发布优质视频内容来引流，在视频号下方插入链接引导用户添加企业微信号。接着利用企业微信号引导用户关注、点赞和转发等行为。

2. 视频号直播：抽奖分享裂变

首先主播在直播间发起抽奖，接着引导用户转发直播间到朋友圈，用户中奖后，凭转发截图兑奖。

3. 企业微信群裂变

第一步：用户扫码进群。

第二步：入群欢迎语引导用户转发海报、文案到朋友圈。

第三步：完成转发后，凭转发截图兑奖。

第四步：新用户进群，持续进行转发产生裂变效果。

第三章

爆款短视频的思维逻辑

很多做视频号的朋友都有这样的疑惑，那些刷屏级（到处都能见到）的爆款短视频怎么就火了呢？为什么一些看起来很简单，没有拍摄难度的短视频也能火爆呢？是无意而为，还是有秘密诀窍呢？关于这个问题，我们来带大家去层层剖析，拆解那些爆款短视频背后隐藏的秘密。

建立人与人的连接是短视频的本质。首先从短视频的内容上，随着电商 App 的增多，很少会有人注册每个 App，大多数人通常只会使用其中的一两个，短视频就是将所有 App 的用户串联起来的有效生产内容的形式，使人与人之间的关系变得更加紧密。

第一节　快速吸引用户流量

在商业行为中，信息传达就是商家把商品展示给顾客，供其做出决策的依据。而视频比图片、文字能更有效地展示商品的信息。下面介绍一下如何快速收割用户流量，为我们赢得利润空间。

一、短视频本质：建立人与人的连接

文字、图片适合提供一些简单的、偏标准化的信息，而视频可以展示更加复杂的体验信息。从信息的角度来看，视频可以提供几乎最多的信息。在互联网上，视频这种可以让人用视觉和听觉去体验的形态，是目前展示信息的终极形态，而文字、图片是把复杂的视频信息进行了压缩，在压缩的过程中，很容易造成信息的失真，这是很考验文字功底和摄影技术的。但拍视频不需要多优秀的文学素养，拍出来的视频将呈现尽可能真实的效果，也会更加吸引用户。

用户是短视频市场的生存之本，短视频平台唯有秉持"我为用户，用户为我"的观念，以用户为中心、以体验为核心，才能真正吸引和获取更多的用户，也才能构建更深层次的连接。

二、选题方法：跟观众产生共鸣

选题要符合账号定位，提供目标用户感兴趣的内容，而且对用户来说，内容最好是有新鲜感和实际价值的，并非人云亦云。同时，表达的方式要与账号的人设定位相符，如果能蹭上热点话题就更加完美了。

（一）借鉴+模仿+创新

每个人都有自己的特长，同一个领域总有人做得最好，所以可以向同行学习，但绝对不能抄袭内容。应该借鉴别人的内容，在此基础上进行加工创新。

（二）多看视频评论

内容发布后，浏览内容下方的评论及留言也会获得一些改进信息，能够知道用户喜欢什么，以及更想看什么，这对接下来的视频内容改进是比较有帮助的。不要仅仅局限于自己视频的评论，也可以多看看那些爆款视频的评论，明确更多用户的喜好。

（三）数据追踪

多了解与短视频相关的知识，在视频题材的定位上就可以少走一些弯路，比如，有许多关于短视频数据追踪的软件可以了解一下。

第二节　制作加分的短视频封面

视频号封面设计是非常重要的，视频的封面决定了用户的去留，封面是否能够吸引用户眼光在很大程度上影响了内容的点击率。

一、捕获用户心态：抓住好奇心

好奇心是动物的本能，也是人类的本能，人们容易在好奇心驱使下产生进一步探究的动力。一个好的短视频封面能够顺应用户本能，而又能打破用户的惯性反应，迅速抓住观众眼球。

设计封面需要注意以下几点。

- 画面：画面清晰且完整，不要出现任何压缩变形的情况。
- 重点：画面要有侧重点，重点要突出。
- 图文相符：图片和文字结合时要注意相符合，不要偏离主题。
- 文字：封面文字要清晰养眼，字体规范，不要遮挡图片主体。
- 尺寸：注意尺寸比例保持 3∶4，把标题的内容居中进行显示即可。

在封面构图上，可以使用较为夸张的表情，夸张的表情能够传递丰富的情感信息，引发观众的关注并产生点击互动。再者可以突出画面中的对比，对比明显是打破用户常规反应最有效的方法，从而刺激观众的情绪以产生共鸣和互动。

二、后期加工：完美的封面图

无论是微信公众号文章还是短视频，一个漂亮的封面也是增加和吸引用户点击的重要工具。对于大部分新媒体人来说，甚至可能完全没有接触过作图软件。我们可以借助设计网站的模板和设计网站的工具来实现封面制作。接下来介绍几款比较好用的封面制作工具。

1. 美图秀秀（https∶//pc. meitu. com/）

其界面如图 3-1 所示。

图 3-1　美图秀秀界面

单击  图片编辑按钮，将需要创作的图片放入即可，可谓是"傻瓜式"操作。哪怕是初学者也不用过多担心难度问题。

2. 创客贴

其安装界面如图 3-2 所示。

丰富的场景，满足您的多样化需求

图 3-2　创客贴安装界面

在创客贴的设计模板里，我们找到对应的图片模板和尺寸，然后选择自己喜欢的模板去进行改动，添加或替换自己需要的内容，编辑界面如图 3-3 所示。

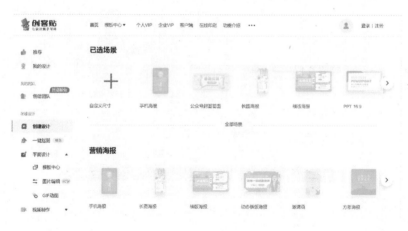

图 3-3　创客贴设计界面

3. Adobe Photoshop

Adobe Photoshop 即平时所说的 PS，是一款专业的作图软件，难度系数较高，

2. Pixabay（http://pixabay. com/）

Pixabay 网站是一个支持中文搜索的免费可商用图库网。里面有很多不同类型的摄影照片，大家可以通过该网站去寻找自己想要的图片，界面如图 3-6 所示。

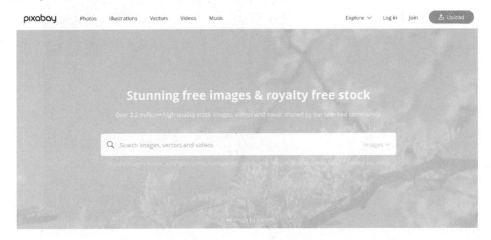

图 3-6　Pixabay 搜索图库界面

3. Gratisography（www. gratisography. com）

Gratisography 是一个免费高分辨率摄影图片库网站，其中所有的图片都可以用于个人或者商业用途，每周更新图片，只需搜索下载即可，界面如图 3-7 所示。

图 3-7　Gratisography 摄影图库界面

三、巧借热门：红人明星

"热门"就是比较受广大群众关注或者欢迎的新闻或者信息，比如社会热点。"巧借"就是说不是所有的热点都要蹭一下，胡乱蹭热点反而会招人嫌弃。接下来介绍如何巧借热点，打造爆款视频。

（一）有价值的热点

首先要学会判断什么是有价值的热点。热点的本质特征是具有时效性，因为人们总会在碎片化的传播当中关注最新的东西。

1. 话题性

有话题性的热点一定是有争议并可以延展的。

2. 传播性

上了热搜的红人明星就是一个热点，有价值性的东西是可以很快得到传播的，这样用户在搜索相关话题的时候刷到自己的视频概率就会变高。

（二）巧借热点问题

从一定意义上说，热点问题是公众利益和情绪的集中体现与表达。而正确对待当前的热点问题，就要学会观察和分析热点问题。正确分析观察并不容易，特别需要坚持正确的立场、观点和方法。立场、观点和方法不对，必然会陷入主观和片面，造成认识偏差。需要透过现象看本质，形成正确认识。简单来说就是自己对这件事情的看法需要符合主流价值观。

下面介绍一下如何借热点。

1. 挖掘式

即需要渗透表面，纵向挖掘。当某部影视剧很火爆的时候，我们可以就里面一些讨论度很高的内容来做一些衍生，比如电视剧《三十而已》最火的时候，有"三十而已里你不知道的 20 个秘密"这样一个短视频，从个人角度深挖电视剧里面潜藏的秘密。

2. 延展式

即发散思维，横向关联。不要局限于热点本身，应向四周发散。

3. 总结式

总结式就是比较直观地阐述问题本质，即干货整理和搜集总结。把网络上零散的干货整理在一起，这样的短视频非常有利于传播。

第三节　建立自己的素材库

某著名散文作家曾说："一个作家应该有三个仓库，一个直接仓库装生活中得来的材料，一个间接仓库装书籍和资料中得来的材料，另一个就是日常收集的人民语言的仓库。有了这三个仓库，写作起来就比较容易"。自媒体人想要三百六十五天如一日地坚持创作，必须要有足够的素材积累，才能长期坚持。

一、灵感来源：内容素材库

在正式开始创作之前，最重要的一件事是搜集素材，第二件事是思考，第三件事才是动手。

搜集热点时建议大量地看各类新闻，像今日头条、搜狐新闻、网易新闻和微博等，它们会最快、最先发布一些热点新闻。追热点，速度要快，不要总吸热点的"尾气"。而且一定要抢在别人前面发，才容易成为爆款视频，当然观点也要独特鲜明且符合主旋律。

看看最近有没有热播的电影，或者炒作很久后即将播出的电影。这类电影往往也是人们关注的对象。如果想要深层一点，还需要了解一下导演和演员的背景，导演为什么要拍这部电影，它到底哪里值得人们去看。一部优秀的电影很容易代表一部分人的观点，也最容易戳中人的痛点，是一个不错的选择。

二、热点搜集：选题数据

我们先要对视频号有一个非常详细的认知和了解，这取决于搜集到的准确数据，有了第一步的初步了解之后，再针对视频号的内容进行策划。

选题内容要以用户粉丝需求为前提，想要有好的播放量，就应该首先考虑粉丝的喜好和痛点需求，往往越是贴近用户粉丝的内容，越是能够得到他们的认可。就是说在当下视频号已存在一个固定用户群体的情况下，这其中很多人针对一些中高端层次的问题还不是特别了解，所以创作的内容越接地气，说的话越通俗易懂，就越能够让别人了解视频所要表达的意思，这样才能够吸引受众群体的关注与讨论。

选题内容应该和创作者的定位有关联和垂直度，以提升个人在专业领域的影响力，更清晰地塑造 IP，这样才能吸引精准的用户粉丝，同样可以提高用户粉丝的持续跟随和黏性。

用户关注度高的话题可引发更多的播放量，创作者可以巧用大数据（如本书前面介绍的清博指数）更加直观地显示出哪个内容受观众喜爱。

三、关键词搜集：标题库

用户在看视频的时候，首先看到的是标题，然后才会去关注内容，同样的视频，不同的标题会产生不一样的传播效果和点击量。一个好的标题可以刺激用户之间的互动，引起热点，便于平台专属机器人的审核，得到推广的概率会更高。

（一）多蹭热点事件

可以多看微博热搜和知乎热榜来获取热点信息，利用大众对热点话题的关注，引导观看个人的视频。

（二）善用疑问句

就像大家见面的时候要问候一句"你好"，问候式的疑问句会拉近与用户的距离。比如"你现在好吗?"

（三）激发用户的好奇心

提供对用户感兴趣的信息，让用户有种比其他人多知道了一个有用信息的优越感。比如"很多人都不知道的东西原来是"等标题。

（四）巧用名人名字

名人明星的任何事情都是大众关注的，无论是他们的工作领域还是生活八卦。比如"你想成为下一个某某吗?"

四、重复利用：评论库

创作者发布的视频内容都是为了后期更好地变现做准备。那么视频号内容下方的评论区就显得格外重要了。就像大家在网站购物一样，看到商品评论里的差评，大家还考虑购入吗？当然不会。同样道理，视频的评论也是如此。那么如何利用好评论区就显得十分重要了。

 作者点赞评论

只要是作者点赞过的评论，在这条评论的下面就会显示"作者赞过"。这对评论者是一个很好的鼓励，可以多给评论者点赞，增加视频的曝光率。

 后台评论

作者可以在"消息通知"界面看到评论者的最新评论，点击评论，能直接跳转到相应作品的评论区，查看具体评论内容，这样一来作者会更快速地知道自己作品的优缺点，便于下次创作的改进。

 在评论区人设打造

评论区也是需要打造人设的，通过评论来告诉粉丝用户你是谁，并希望用户关注你，你是做什么的，粉丝能得到什么，在产出内容的同时，形成自己鲜明的人设，并且让粉丝用户知道，关注你会产生什么价值。

 神评论

现在的网友们无法拒绝"神评论"，我们在刷热门视频下方评论区的时候，会发现占据前排好位置的，基本都是需要"神评论"了，那么如果个人没有这样的创作才能该怎么办呢？通常，在私下可以收藏并整理一些高点赞评论，日后变着花样引用这些评论在其他作品上留言。

五、热门榜：音乐素材库

优质的配音素材库和背景音乐库是制作短视频不可缺少的，我们要养成一个习惯，刷到爆款短视频时要将音乐进行收藏。下次做类似视频的时候，就可以去收藏夹里找这个音乐，也可以随时关注抖音音乐排行榜，关注近期的热门音乐。

1）音效网：http：//www.yinxiao.com，里面主要是各种搞怪音效，界面如图3-8所示。

图 3-8 音效网界面

2）FreeSFX：http：//www.freesfx.co.uk，里面提供免费的声音效果，可以在任何商业、非商业的广播多媒体/视听产品中使用，界面如图 3-9 所示。

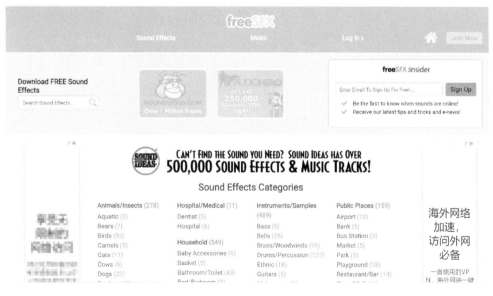

图 3-9 FreeSFX 界面

找到音乐素材后，记得一定要分类，分类方式越多，寻找时就越精准。

- 音乐风格：抒情、激昂、悲怆和温暖等。
- 音乐类型：古典、摇滚和民乐等。
- 音乐乐器：弦乐、木管、铜管和打击乐等。
- 适合的氛围：悬疑、紧张、悲痛和浪漫等。
- 可应用的段落：开场、结尾和过渡等。
- 可应用的片种：电影、宣传片、纪录片和电视节目等。

第四章

完全掌握短视频制作

短视频与传统的视频不同，具备生产流程简单、制作门槛低和参与性强等特性，同时又比直播更具有传播的便捷性，因此深受许多视频爱好者及年轻群体的青睐。但短视频总归是视频的一种，在制作上很多传统视频的知识也能适用，因此本章将为各位读者详细介绍一些视频的拍摄知识，来帮助大家做好前期工作，为后面快速精通 Photoshop 和 Premiere 软件进行短视频编辑奠定良好的基础。

一谈到短视频的拍摄，大家首先想到的多是设计剧本，实际上，拍摄短视频首先需要的是组建一个团结、高效的团队，通过借助大家的智慧，才能够将短视频打造得更加完美。

第一节　短视频的制作流程

下面详细介绍一下短视频的制作流程，帮助初学者轻松入门。

一、制作团队的搭建

拍摄短视频需要做的工作包括策划、拍摄、表演、剪辑、包装及运营等，如图 4-1 所示。具体需要多少人员，是根据拍摄的内容来决定的，一些简单的短视频即使一个人也能拍摄，如体验、测评类的视频。因此在组建团队之前，需要认真思考拍摄方向，从而确定团队需要哪些人员，并为他们分配什么任务。

例如，拍摄的短视频为生活垂直类，每周计划推出 2～3 集内容，每集为 5 分钟左右，那么团队安排 4～5 个人就够了，设置编导、运营、拍摄及剪辑岗位，然后针对这些岗位进行详细任务分配。

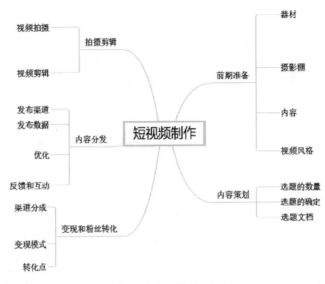

图 4-1　短视频制作流程

- 编导：负责统筹整体工作，策划主题、督促拍摄、确定内容风格及方向。
- 拍摄：主要负责视频的拍摄工作，同时还要对摄影相关的工作（如拍摄的风格及工具等）进行把控。
- 剪辑：主要负责视频的剪辑和加工工作，同时也要参与策划与拍摄工作，以便更好地打造视频效果。
- 运营：在视频打造完成后，负责视频的推广和宣传工作。

二、剧本的策划

短视频成功的关键在于内容的打造，剧本的策划过程就如同写一篇作文，需要具备主题思想、开头、中间及结尾，情节的设计就是丰富剧本的组成部分，也可以看成小说中的情节设置。一部成功的、吸引人的小说必定少不了跌宕起伏的情节，剧本也是一样。在进行剧本策划时，需要注意以下两点。

- 在剧本构思阶段，就要思考什么样的情节能满足观众的需求，好的故事情节应当是能直击观众内心，引发强烈共鸣的。掌握观众的喜好是十分重要的一点。
- 注意角色的定位，在台词的设计上要符合角色性格，并且有爆发力和内涵。

三、视频的拍摄

在视频拍摄前，需要拍摄人员提前做好相关准备工作，如果是拍摄外景，就要提前对拍摄地点进行勘察，看看哪个地方更适合视频的拍摄。此外，还需要注意以下几点。

- 根据实际情况，对策划的剧本进行润色加工，不断完善以达到最佳效果。
- 提前安排好具体的拍摄场景，并对拍摄时间做详细的规划。
- 确定拍摄的工具和道具等，分配好演员、摄影师等工作人员，如有必要，可以提前核对台词、练习表演等。

四、后期处理

对于视频而言，剪辑是不可或缺的重要环节，在后期剪辑中，需要注意的是素材之间的关联性，如镜头运动的关联、场景之间的关联、逻辑的关联及时间的关联等。剪辑素材时，要做到细致、有新意，使素材之间衔接自然又不缺乏趣味性。

在对短视频进行剪辑包装时，不仅仅是保证素材之间有较强的关联性就够了，其他方面的点缀也是必不可少的，剪辑包装短视频的主要工作包括以下几点。

- 添加背景音乐：用于渲染视频氛围。
- 添加特效：营造良好的视频画面效果，吸引观众。
- 添加字幕：帮助观众理解视频内容，同时完善视觉体验。

五、内容发布

如果是手机拍摄的视频，那么上传和发布就更加便捷简单。以视频号为例，单击_{发表视频}按钮，如图 4-2 所示，可进入视频发布界面，在上方可以输入与短视频内容相关的文案，或者添加话题、提醒好友，以吸引更多人进行观看，设置完成后单击 发表 按钮进行视频发布即可，如图 4-3 所示。

待视频上传成功后，可在动态中预览上传的视频，并进入分享界面，将视频同步分享到其他社交平台上，如微信朋友圈等。如果希望自己创作的内容被更多人发现、欣赏，就要学会广撒网，在渠道上多下功夫。

图 4-2 发表视频入口

图 4-3 视频发布界面

第二节 镜头语言的运用

拍摄视角就是拍摄时镜头相对水平面高度的不同，通常分为俯拍、平拍、仰拍三大拍摄视角。拍摄视角的不同会使画面的主体、客体与背景环境之间的关系发生很大的变化，也会造成画面不同的透视效果与张力，下面详细讲解这三大拍摄视角各自的特点及应用场景。

一、高视点：俯视拍摄

俯拍即俯视拍摄，是指拍摄时镜头的位置高于被拍摄主体的位置，从而形成一种从上向下看的拍摄视角。俯拍可以很好地表现画面中的景物层次、主体位置、数量等关系，而且能够给人一种辽阔、深远、宏伟、纵观全局的感觉。

俯拍时，镜头抬得越高，离被摄物体越远，进入镜头画面中的元素就越多，画面也就越丰富。俯拍还可以同时增加外置镜头来进行拍摄，由于外置镜头的视角更大，因此拍摄出的画面视觉冲击力更强。俯拍常用于山川、河流、城市

需要系统地学习才能掌握，它可以满足绝大多数的封面制作需求，如图3-4所示。

图3-4　Photoshop软件

现在版权规范越来越严格，如果随意使用网上的图片会有侵权的风险，下面介绍几个无版权图片的网站。

1. Pexels（https://www.pexels.com）

这个网站可以说是图片素材界的"超级网红"了，超过900000张高质量的照片、插图和矢量图形，最重要的是它可以免费使用。Pexels免费图片素材网站的界面如图3-5所示。

图3-5　Pexels免费图片素材网站

建筑群等大场景的拍摄，如图 4-4 所示。

图 4-4 高视点拍摄效果

二、低视点：仰视拍摄

仰拍即仰视拍摄，是指拍摄时镜头的位置低于被拍摄主体的位置，从而形成一种从下向上看的拍摄视角。仰视拍摄的画面具有高大宏伟的形态，画面具有很强的空间立体感和视觉冲击力。仰视拍摄的一大好处就是可以减少画面混乱背景的出现，从而得到更简洁的画面，使主体更加突出。同时这种自下而上的拍摄视角会造成下宽上窄的畸变效果，仰拍角度越大，畸变效果越明显，视觉冲击力越强。可通过外加手机广角镜头来增大这种畸变效果。仰拍常用于人像、建筑、风光等需要表达宏伟壮观场景的拍摄，如图 4-5 所示。

图 4-5 低视点拍摄效果

三、平视点：稳定的画面效果

平拍即平视拍摄，是指拍摄时镜头的位置与被摄主体的位置呈水平方向，从而形成一种平视的拍摄角度，也是人们日常生活中最常见的视角角度。平视拍摄的画面，被摄主体不易发生变形，给人一种自然、稳定、均衡、平等、和谐的感觉。因为平视拍摄的画面与人们平时眼睛的视觉习惯最相似，在拍摄人像时，镜头基本在肩膀或脸的高度，因此常用于肖像摄影和纪实摄影，如图4-6所示。

图4-6　平视点拍摄效果

我们可以对上述三大摄影拍摄视角进行如下三点总结。

- 俯拍：在通常情况下能够很好地再现写实效果。
- 仰拍：在通常情况下能够使主体更具写意效果。
- 平拍：在通常情况下能够给人以更加真实的感觉。

第三节　制作加分的封面，玩转 Photoshop

下面通过几个 Photoshop 典型案例，介绍一些常用的封面制作方法。

一、二八定律：快速了解 PS 使用，掌握大局

本例的学习目的是了解 Photoshop（简称 PS）界面并对软件进行优化，本节简单介绍一下 PS 这个软件，为后面的制作打好基础，如图4-7所示。

制作要点：

■ 了解 PS 的界面。

■ 对 PS 软件进行优化。

难易程度： ★☆☆☆☆

扫码看视频

图 4-7　PS 启动界面

操作流程

01 PS 软件的五大工作区：工具栏、属性栏、菜单栏、文件编辑区、面板和选项卡，如图 4-8 所示。

图 4-8　PS 五大工作区

02 对 PS 进行优化，让它在以后的工作中更流畅，选择"编辑－首选项－常规"命令，对里面的内容进行设置，如图 4-9 所示。

图 4-9　首选项

03 对"工具栏"可以进行位置调整，如图 4-10 所示。

图 4-10　设置工具栏

04 对"工具栏"可以进行内容编辑，如图 4-11 所示。

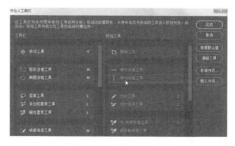

图 4-11　编辑工具栏

二、循规蹈矩：把作品设计在框架内，让美感得到升华

本实例讲解的是选区工具组，学完以后每个人可根据自己的掌握程度，选择最适合自己的选区工具进行抠图等相关操作，如图 4-12 所示。

制作要点：

■ 了解选区工具的属性。

■ 熟练对选区工具进行操作。

难易程度： ★ ★ ☆ ☆ ☆

扫码看视频

图 4-12　常用抠图工具

操作流程

01 选区的特点：选区内的像素可以被编辑和移动，选区外被保护的区域不可以编辑和移动，在图层上表现为虚线所组成的闭合线框，如图 4-13 所示。

图 4-13　选区的特点

02 选区工具组包括选框工具、磁性套索工具、套索工具、多边形套索工具、快速选择工具和魔棒工具，如图 4-14 所示。

图 4-14　选区工具的种类

03 以下是每个工具的图标，都是常用工具，要熟记于心，如图 4-15 所示。

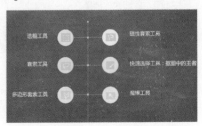

图 4-15　常用工具

04 选区工具的属性基本类似，从左往右依次是：选区新建、选区添加、选区减去和选区叠加，如图 4-16 所示。

图 4-16 选区工具的属性

05 将选区设置 10 个羽化值，这时它的边缘就会产生模糊和过渡效果，这个就是羽化的作用，如图 4-17 所示。

图 4-17 羽化的作用

06 另一种方法是新建好选区之后，单击鼠标右键，在弹出的菜单（如图 4-18 所示）中选择"羽化"命令，再在弹出的"羽化选区"对话框中设置"羽化半径"，同样可以羽化，这两种方式产生的效果都是一样的，如图 4-19 所示。

07 消除锯齿就是把边缘变得更圆滑，不会有锯齿感，该功能是默认勾选的，如图 4-20 所示。

图 4-18 如何羽化

图 4-19 羽化半径值设置

图 4-20 消除锯齿的设置

08 选区工具里都有"选择并遮住"按钮，这个功能比较重要，如图 4-21 所示。

09 单击"选择并遮住"按钮，里面的"视图"功能用于对图像进行前后对比，"边缘检测"用于边缘半径值调整，

"全局调整"是对平滑、羽化等进行调节，如图 4-22 所示。

图 4-21 "选择并遮住"按钮

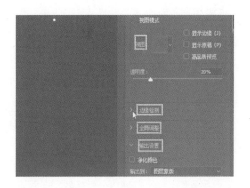

图 4-22 "选择并遮住"功能的相关设置

三、封面必备：快速制作各种尺寸封面，对接各大平台神器

本实例讲解的裁剪工具，通过 10 个功能点，让读者彻底了解裁剪工具的使用，裁剪工具是 PS 软件里经常用到的重要工具之一，希望本节课能帮助到大家，如图 4-23 所示。

制作要点：

■ 了解裁剪工具的使用方法。

■ 了解透视裁剪工具的使用方法。

难易程度： ★★☆☆☆

扫码看视频

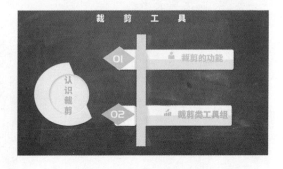

图 4-23 裁剪工具的功能

 操作流程

01 "裁剪工具"是用来裁剪图像或调整画布的，"透视裁剪工具"是把透视的影像进行裁切，并且可以把画面拉直，纠正成正确的视角，如图 4-24 所示。

02 裁剪工具组的使用有 10 个功能点，如图 4-25 所示。

图 4-24 透视裁剪工具

图 4-27 更换裁剪方向

图 4-25 裁剪工具的功能

03 构图裁剪：当准备对图片进行裁剪时，在图像的属性栏里面有一个视图的属性，可以为构图提供参考线，包含了三等分、网格、对角、三角形、黄金比例和金色螺旋，如图 4-26 所示。

05 勾选"显示裁剪区域"复选框，在 PS 默认的情况下裁剪的部分会显示在画布上，如图 4-28 所示。

图 4-28 显示裁剪区域的设置

图 4-26 构图技巧

06 单击小齿轮按钮，在下拉菜单中勾选"使用经典模式"复选框，这样只能移动窗口，不能移动画布，如图 4-29 所示。

04 更换裁剪的方向，可以单击属性栏里面的双向箭头进行切换，从横向变成纵向，从纵向变成横向，如图 4-27 所示。

图 4-29 经典模式的设置

07 在裁剪的时候属性栏里面有多种预设比例，有时候想按照第一张图的比例来裁剪其他图片，此时"前面的图像"命令就派上用场了，如图4-30所示。

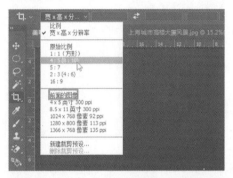

图4-30 "前面的图像"命令

08 打开两张图片，首先选择"前面的图像"命令，如图4-31所示。

图4-31 选择"前面的图像"命令

09 在另一张图里，这时候会发现上一张图的比例就显示在这边了，双击就可以裁剪出尺寸一样的图片，如图4-32所示。

10 将属性栏里的"删除裁剪的像素"复选框取消勾选，双击图层，对它进行裁剪，单击图像并显示全部，之前完整的图片就显示出来了，如图4-33所示。

图4-32 使用"前面的图像"功能

图4-33 删除裁剪的像素

11 扩大画布。在有背景层的情况下，拉大画布，这时候拉出的颜色就是"背景色"(白色)，如图4-34所示。

图4-34 扩大画布

12 如果将它解锁再拉大画布，这时候拉出的颜色是"透明色"，如图4-35所示。

图4-35 设置透明背景

13 有背景层的情况下往外拉，单击背景色还可以改变背景的颜色，如图4-36所示。

图4-36 改变背景色

14 校正图片。打开图片并按住 Ctrl 键，根据图片里的参照物的角度拉一根平行的直线，松开后按下回车键，图片就摆正了，如图4-37 所示。

15 选择"透视裁剪工具"选项，对图片进行透视操作，旁边两根线需要跟参照物平行，如图4-38 所示。

图4-37 校正图片

图4-38 透视裁剪工具

16 按下回车键，这时候图片立刻就摆正了，如图4-39 所示。

图4-39 摆正图片

四、色彩利器：高大上的背景，渐变工具一键搞定

本实例讲解的是渐变工具，想要将背景做出高大上的效果，那就要学好渐变工具，希望本节的内容能帮助到大家，如图4-40所示。

制作要点：

■ 了解渐变工具的属性。

■ 熟练掌握渐变工具的使用方法。

难易程度： ★★☆☆☆

扫码看视频

图4-40　渐变工具的使用

 **操作流程**

01 "渐变工具"是常用工具，快捷键G，可创建多种颜色的混合，比如"前景色到背景色渐变"，如图4-41所示。

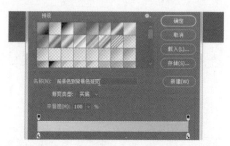

图4-41　渐变工具界面

02 可以创建"前景色到透明渐变"，单击"渐变编辑器"里面的预设就可以进行更改，如图4-42所示。

03 渐变分为5种，从左往右依次是：线性渐变、径向渐变、角度渐变、对称渐变和菱形渐变，如图4-43所示。

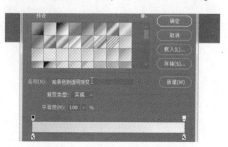

图4-42　渐变工具设置

04 "线性渐变"是以线的方式从一种颜色过渡到另外一种颜色，在工作中最为常用，如图4-44所示。

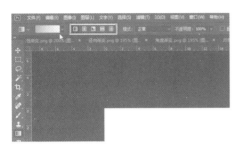

图 4-43 渐变工具种类

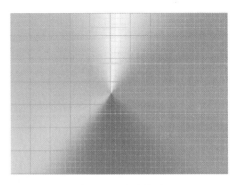

图 4-46 角度渐变

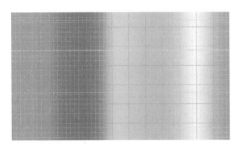

图 4-44 线性渐变

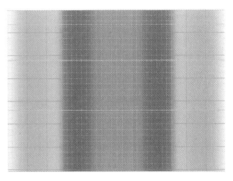

图 4-47 对称渐变

05 "径向渐变"是以圆圈的方式从中心到四周进行渐变，如图 4-45 所示。

08 "菱形渐变"可以用来做星星特效，如图 4-48 所示。

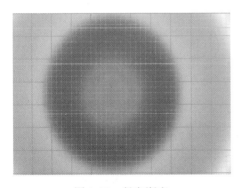

图 4-45 径向渐变

图 4-48 菱形渐变

06 "角度渐变"经常用来制作金属效果，如图 4-46 所示。

07 "对称渐变"平时用得不多，呈现对称的效果，如图 4-47 所示。

09 打开"渐变编辑器"对话框，这里面有很多渐变颜色，单击"新建"

按钮就可以新建一个渐变颜色，如图 4-49 所示。

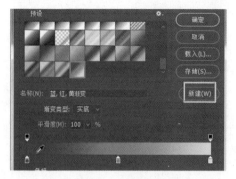

图 4-49　新建渐变

10 如果需要载入渐变，单击"载入"按钮，打开准备好的渐变就可以了，如图 4-50 所示。

图 4-50　载入渐变

11 双击之后就添加了 4 个渐变，如图 4-51 所示。

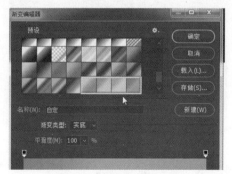

图 4-51　双击载入渐变

12 如果需要存储渐变，直接单击"存储"按钮即可，如图 4-52 所示。

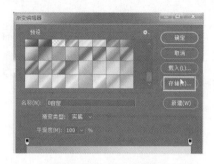

图 4-52　存储渐变

13 下面制作渐变，首先单击"色标"，下方的颜色就被激活了，如图 4-53 所示。

图 4-53　激活渐变

14 激活之后，单击拾色器中的颜色，可以选择需要的颜色，单击"确定"按钮，如图 4-54 所示。

图 4-54　设置渐变颜色

15 单击颜色旁边的小三角，可以选择前景色、背景色以及用户颜色，其中"用户颜色"可以用吸管拾取颜色，如图 4-55 所示。

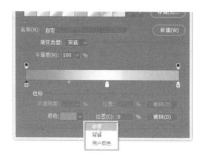

图 4-55 设置渐变颜色

16 不透明度的设置是在"色标"区域，可以直接调节不透明度，如图 4-56所示。

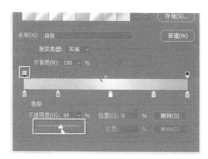

图 4-56 设置不透明度

17 打开事先准备好的素材，将它进行复制，如图 4-57 所示。

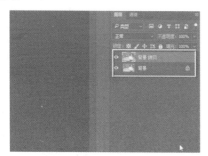

图 4-57 复制图层

18 复制后在"渐变编辑器"对话框中选择"紫，橙渐变"，单击"确定"按钮，如图 4-58 所示。

图 4-58 选择渐变

19 把"渐变填充"的图层模式改为"柔光"模式，如图 4-59 所示。

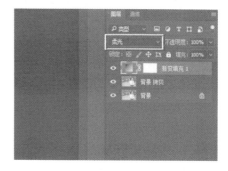

图 4-59 柔光模式的设置

20 这样就做出了一个复古的色调效果，如图 4-60 所示。

图 4-60 复古色调效果

21 此外也可以调出清新的效果，双击图层，打开渐变编辑器，选择一个小清新的渐变色调，如图 4-61 所示。

22 修改"渐变填充"的图层模式后，这样就做出了一个清新的色调效果，如图 4-62 所示。

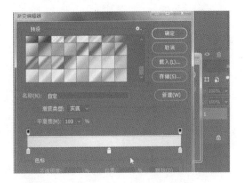

图 4-61　选择渐变

图 4-62　清新色调效果

五、作图灵魂：图中搭配好文字，让图片有灵魂

　　本实例讲解文字工具，每张图的设计都离不开文字工具，可以说它是整个图片设计的灵魂，希望本节的内容能帮助大家更好地完成设计工作，如图 4-63 所示。

制作要点：

- 了解文字工具的使用。
- 熟练掌握文字的排版。

难易程度：★★☆☆☆

扫码看视频

图 4-63　文字工具

 操作流程

01 "文字工具"几乎在每张图片中都会使用，它的快捷键是 T，主要起到画龙点睛的作用，如图 4-64 所示。

02 属性栏从左往右为切换文本的方向、字体选择、字体样式、字体大小和字体属性，如图 4-65 所示。

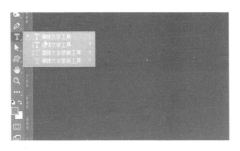

图 4-64　文字工具菜单

图 4-67　字符面板 1

图 4-65　文字工具属性 1

03 之后从左往右为排列方式、颜色、字体变形和字符面板，如图 4-66 所示。

图 4-66　文字工具属性 2

04 打开"字符面板"之后，可以分别对字体、间距、行距进行调节，如图 4-67 所示。

05 "字符面板"中还有几个重要功能，从左往右依次是加粗、倾斜、全部大写字母、小型大写字母、上标、下标、下画线和删除线，如图 4-68 所示。

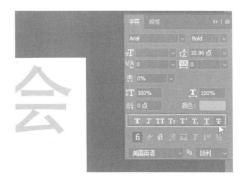

图 4-68　字符面板 2

06 在文字中最重要的是文字排版，"重点突出"可以对首字母进行放大，这样就变成重点突出的效果了，如图 4-69 所示。

图 4-69　重点突出效果

07 "方向变化"可以把文字变得倾斜,如图4-70所示。

Geren

图4-70 方向变化效果

08 "错落有致"可以对字体进行错位排开,如图4-71所示。

GEREN

图4-71 错落有致效果

09 "大小结合"是非常实用的方式,使用大小不同的字体进行了融合和对比,加强了整体的观感,如图4-72所示。

发展学会
Geren

图4-72 大小结合效果

10 "粗细结合"使得文字粗细不同,字体变得更有趣了,如图4-73所示。

Geren

图4-73 粗细结合效果

11 选择"文件-新建"命令,新建一个默认大小画布,如图4-74所示。

图4-74 新建画布

12 新建一个图层,把前景色设置为黑色,按 Alt + Delete 键填充为黑色,如图4-75所示。

图4-75 前景色设置

13 选择"文字工具",在画布上输入
文字和英文,并设置好字体,如
图4-76所示。

图4-76 输入文字

14 将文字和英文进行合并,按Shift键
全选文字,然后按Ctrl+E键合并图
层,如图4-77所示。

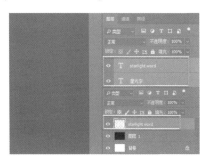

图4-77 合并图层

15 合并好以后,给字体添加渐变,在
快捷菜单中选择"渐变"命令,如
图4-78所示。

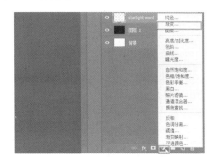

图4-78 渐变设置

16 在"渐变编辑器"对话框中选择第
一个"前景色到背景色渐变"预
设,如图4-79所示。

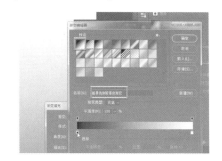

图4-79 编辑渐变

17 把左边的颜色改成深蓝色,右边改
为浅蓝色,如图4-80所示。

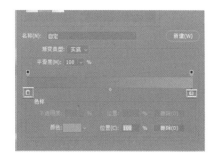

图4-80 渐变色设置

18 使用鼠标右键单击"渐变填充"图
层,在快捷菜单中选择"创建剪切
蒙版"命令,如图4-81所示。

图4-81 设置剪切蒙版

19 这样就把"渐变填充"的蓝色效果作用到文字上面了，如图 4-82 所示。

图 4-82 为文字加渐变色

20 双击"渐变填充"图层，对它进行左右移动，找到合适位置，如图 4-83 所示。

图 4-83 设置渐变填充

21 按 Ctrl + 鼠标左键，把渐变填充图层和文字选中，再按 Ctrl + E 键合并，如图 4-84 所示。

图 4-84 合并图层

22 把"前景色"和"背景色"分别设置为黑白色，再新建一个图层。新建好之后选择"滤镜 - 渲染 - 云彩"命令完成云彩效果，如图 4-85 所示。

图 4-85 云彩效果的设置

23 将云彩图层的模式由"正常"改为"颜色减淡"，如图 4-86 所示。

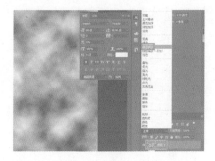

图 4-86 更换颜色模式

24 这时会发现云彩效果已经作用在文字上面了，如图 4-87 所示。

图 4-87 改变文字颜色

25 在文字图层上双击进行"重命名"，并按 Ctrl +J 键对图层进行复制，如图 4-88 所示。

图 4-88 复制图层

26 复制以后，将其转换为智能对象，这一步是为了后面操作时整个文字效果不会失真，如图 4-89 所示。

图 4-89 智能对象设置

27 选择"滤镜－模糊－高斯模糊"命令，根据实际情况对半径值进行调节，如图 4-90 所示。

图 4-90 高斯模糊

28 星光文字的最终效果就显示出来了，如图 4-91 所示。

图 4-91 最终效果

六、图标利器：App 图标必备，icon 设计师的好帮手

本实例讲解了抓手工具和矢量工具组，其中涉及了布尔运算，布尔运算是设计师必备的设计技能。学会本节内容，图形图标都可以游刃有余地设计出来，如图 4-92 所示。

制作要点：

■ 抓手工具的使用方法。

■ 矢量工具组的使用方法。

难易程度：★★★☆☆

扫码看视频

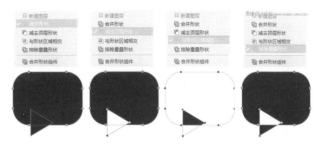

图 4-92 矢量工具组

操作流程

01 "抓手工具"是一个非常常用的辅助工具,如图4-93所示。

图4-93 抓手工具

02 "抓手工具"只有在图片放大的情况下,才可以操作,放大以后直接用"抓手工具"拖动图片,如图4-94所示。

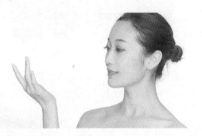

图4-94 使用抓手工具

03 如需快速进行选择,可以将左下角的数值设置为"100%",如图4-95所示。

图4-95 设置抓手工具

04 按H键的同时按住鼠标左键进行选择,选好需要的部位并松开鼠标即可,如图4-96所示。

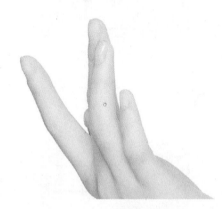

图4-96 应用抓手工具

05 矢量工具包括:矩形工具、圆角矩形工具、椭圆工具、多边形工具、直线工具和自定形状工具,如图4-97所示。

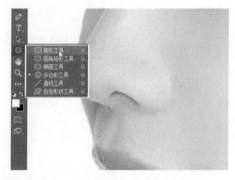

图4-97 矢量工具组

06 在学习矢量工具组之前,先了解一下"布尔运算",图4-98所示为它的运算规则。

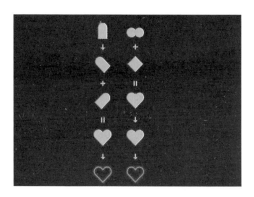

图 4-98 布尔运算规则

07 在"布尔运算"中有 5 种运算规则：合并形状、减去顶层形状、与形状区域相交、排除重叠形状和合并形状组件，如图 4-99 所示。

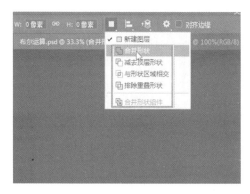

图 4-99 布尔运算种类

08 合并形状。选择"路径选择工具"可以对里面的两个形状进行移动，分开就是两个形状，合并就是一个心形，如图 4-100 所示。

09 减去顶层。上方图层会被减去，最终可以做出类似月亮的效果，如图 4-101 所示。

图 4-100 合并形状

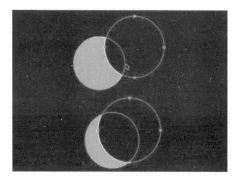

图 4-101 减去顶层

10 与形状区域相交。将两个六边形进行重叠，最终保留住中间部位；排除重叠形状：将两个六边形重叠部分进行排除，留下两边区域，如图 4-102 所示。

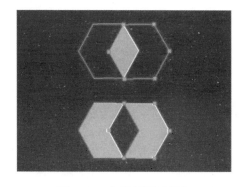

图 4-102 与形状区域相交

第四节　Premiere 后期实用技能

下面通过几个 Premiere 案例，介绍一些常用的视频处理方法。

一、去水印：两种方法消除素材水印，海量素材随意用

本实例分为两部分，第一种讲解"效果施加法"，第二种讲解"素材替换法"。效果施加法主要通过效果面板里面的效果对视频水印进行去除；而素材替换法则通过截取部分场景素材，替换原有视频，从而达到去除水印的效果，两者使用场景也不同，具体看自己如何把握，如图 4-103 所示。

制作要点：

■ 了解裁剪效果的使用方法。

■ 熟练掌握效果控件的操作。

难易程度： ★★☆☆☆

扫码看视频

图 4-103　消除素材水印

操作流程

01 将视频拖至时间轴轨道中，然后选择"窗口 – 效果"命令，打开效果面板，如图 4-104 所示。

02 在效果面板中搜索裁剪，选择"裁剪"选项，将它拖至视频上来，这时候就会有效果了，如图 4-105 所示。

03 一旦有了效果之后需要到"效果控件"中来找到裁剪效果，只需要调整"顶部"和"底部"数值，如图 4-106

所示。

图 4-104　打开效果面板

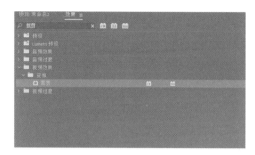

图 4-105 裁剪效果

图 4-108 打开效果面板

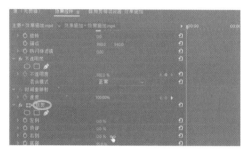

图 4-106 裁剪效果的设置

04 每个素材调节的数值都是不一样的，所以可以根据自己的需求调节，最终将文字完全遮盖住即可，如图 4-107 所示。

图 4-109 高斯模糊设置

07 此时在效果控件中就有了高斯模糊，并且可以对模糊度进行调节，如图 4-110 所示。

图 4-107 遮盖水印

05 将视频和音频拖至时间轴面板中，然后选择"窗口-效果"命令，打开效果面板，如图 4-108 所示。

06 在效果面板中搜索"高斯模糊"，将"高斯模糊"效果拖至视频上，如图 4-109 所示。

图 4-110 调节高斯模糊

08 此时调节的是整个视频，并没有对所需模糊的位置进行模糊处理，如图 4-111 所示。

图 4-111　整个视频模糊

09 利用"钢笔工具"将所需的位置抠出来，如图 4-112 所示。

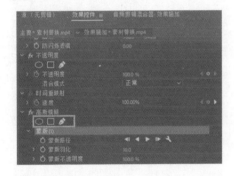

图 4-112　钢笔工具的使用

10 抠出来之后就可以对模糊度进行调节了，这样就可以将所需的位置单独模糊好了，如图 4-113 所示。

图 4-113　局部模糊

11 将视频拖至时间轴，并进行放大，放大之后截取没有水印片段以供后续覆盖使用，如图 4-114 所示。

图 4-114　截取视频

12 一旦将没有水印的片段裁剪好之后，按住 Alt 键对它进行复制，也就是往上复制了一层，如图 4-115 所示。

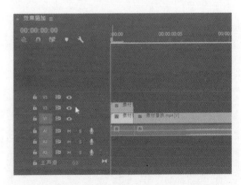

图 4-115　复制视频

13 选中复制的这个图层，选择效果控件中的"钢笔工具"，截出有水印或者有文字（需替换的区域），如图 4-116 所示。

14 在复制的图层上右击鼠标，在快捷菜单上选择"插入帧定格分段"命令，如图 4-117 所示。

图 4-116　钢笔工具使用

图 4-117　帧定格分段插入

15 此时视频开头会多出约两秒的时间，右击鼠标，在快捷菜单中选择"波纹删除"命令，如图 4-118 所示。

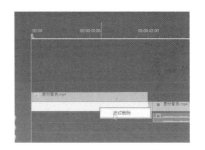

图 4-118　波纹删除视频

16 利用"选择工具"将上方素材拖至跟视频一样长度，此时素材就被完美替换了，如图 4-119 所示。

图 4-119　替换视频

二、加字幕：批量添加多个字幕，瞬间提高几倍效率

　　本实例将使用两种方法给视频添加字幕，一种是通过 Premiere 直接添加开放式字幕，另一种是使用插件"雷特字幕"，给视频添加字幕，两种方式操作步骤大同小异，可根据自己的实际情况，任选一种方法。视频弹幕主要是调节文字的关键帧，做出视觉效果，如图 4-120 所示。

制作要点：

■ 开放式字幕的使用。

■ 雷特字幕的使用。

难易程度：★★★☆☆

扫码看视频

图 4-120　添加字幕

操作流程

01 将视频拖至时间轴，在视频上裁剪出需要加字幕的地方，在项目面板中单击"新建"按钮，选择"字幕"命令，如图4-121所示。

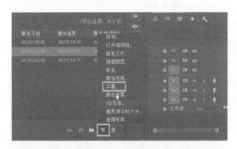

图4-121　新建字幕

02 设置"标准"为"开放式字幕"，将其从项目面板中拖至之前视频裁剪的位置，双击进行设置，如图4-122所示。

图4-122　开放式字幕

03 设置之前需找到这段文字结束的地方进行裁剪，并将开放式字幕拖至视频结束的地方，如图4-123所示。

04 双击时间轴上的开放式字幕后，就可以在字幕里输入并设置文字了，直到字幕都添加完毕，如图4-124所示。

图4-123　匹配文字和视频

图4-124　输入文字

05 下面介绍另一种添加字幕的方法。安装好雷特字幕，将视频拖至时间轴，选择"文件-新建"命令，找到雷特字幕插件，如图4-125所示。

图4-125　新建雷特字幕

06 出现"雷特字幕导入器"窗口后，字幕格式与 Premiere 序列格式需要设置一致，这样字幕跟视频才能匹配，如图 4-126 所示。

图 4-126 匹配序列

07 单击模板库，在"对白模板"区域选择"白字黑边 – 中"模板，如图 4-127 所示。

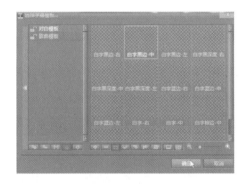

图 4-127 选择模板

08 通过"移动工具"将字幕移动至时间轴里面，并双击时间轴里面的雷特字幕来进行设置，如图 4-128 所示。

09 选择"打开单行文本文件"选项，找到设置好的文本并打开，文本就全部导进来了，如图 4-129 所示。

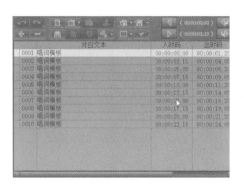

图 4-128 拖动字幕至时间轴

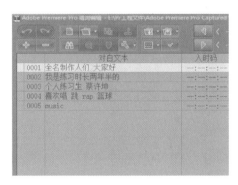

图 4-129 导入文本

10 在面板右侧将文字调节到位，然后单击"录制"按钮进行录制，录制过程中说完一句就要按下空格键换行，直到字幕添加完毕，如图 4-130 所示。

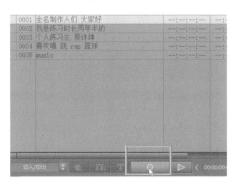

图 4-130 设置字幕

三、做片头：多种多场景适用片头，3分钟快速掌握

本实例讲解视频的多种片头制作方法，让大家做视频的时候不再纠结自己的片头没有设计感了，具体实操可以扫下方二维码进行观看，如图4-131所示。

制作要点：

■ 黑场视频的使用。

■ 轨道遮罩键的使用。

难易程度：★★★☆☆

扫码看视频

图4-131　片头的制作

操作流程

01 将视频拖至时间轴，单击"项目面板"中的"新建"按钮，选择新建"黑场视频"命令，并将其拖至时间轴面板，如图4-132所示。

图4-132　新建黑场视频

02 按住Alt键的同时用鼠标左键将黑场视频移动，复制一层，放在"轨道3"上。之后选择"轨道2"，单击"效果控件"，调节位置里的Y轴，调节至视频中间部位，如图4-133所示。

图4-133　调节黑场视频

03 将"轨道3"也进行调节，将两者相拼合，调节之后定位到"轨道3"上，在位置前面打上关键帧，调节Y轴数值，"轨道2"也同样进行调节，如图4-134所示。

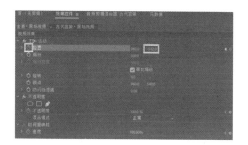

图 4-134　设置关键帧

04 操作好之后可以加上文字和 Logo 效果，片头效果就做好了，如图 4-135 所示。

图 4-135　成片效果

05 将视频拖至时间轴，选择"文件 – 新建 – 旧版标题"选项，新建字幕，如图 4-136 所示。

图 4-136　新建旧版标题

06 选择"文字工具"，在面板输入自己所需的文字，如图 4-137 所示。

图 4-137　输入文字

07 将"文字工具"拖至时间轴，这时候视频上就出现文字效果了，如图 4-138 所示。

图 4-138　显示文字效果

08 在"效果面板"中搜索"轨道"，找到"轨道遮罩键"选项，将它拖至时间轴的视频上，使其作用在视频上，如图 4-139 所示。

图 4-139　添加轨道遮罩键

09 在"效果控件"中找到"轨道遮罩键"选项，将其应用到视频 2 上，如图 4-140 所示。

图 4-140　轨道遮罩键的设置

10 这样片头的效果就做好了，如图 4-141 所示。

图 4-141　成片效果

11 将视频拖至时间轴，在效果面板中搜索"裁剪"，将其直接拖动到视频上，如图 4-142 所示。

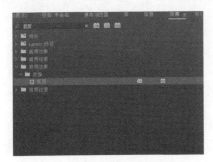

图 4-142　找到裁剪效果

12 在"效果面板"中找到"裁剪"选项，在顶部和底部打上关键帧，分别将数值拉大，如图 4-143 所示。

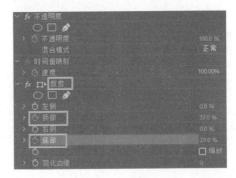

图 4-143　关键帧的设置

13 将视频移动复制，选择"轨道 2"视频，再单击"效果控件"中的"裁剪"，按 Delete 键删除，删除"裁剪"的效果，如图 4-144 所示。

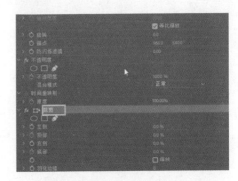

图 4-144　删除裁剪效果

14 选择"文字工具"，在视频上输入文字，将文字置于静止画面的上方，并调节"效果控件"中的位置，如图 4-145所示。

15 在"效果面板"中搜索"轨道"，将"轨道遮罩键"拖至"轨道 2"视频上，如图 4-146 所示。

图 4-145　添加文字效果

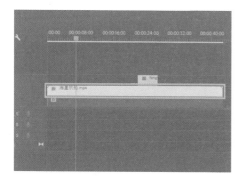

图 4-146　添加轨道遮罩键

16 将"效果面板"中的"遮罩"调整为"视频 3"（文字的视频图层），这样就可以看到最终的效果了，如图 4-147 所示。

图 4-147　成片效果

17 将视频拖入"轨道 2"，在项目面板中新建一个"颜色遮罩"，选择"白色"后确定，如图 4-148 所示。

图 4-148　新建颜色遮罩

18 将"颜色遮罩"拖入到"轨道 1"，并拉到跟原始视频一样的长度，如图 4-149 所示。

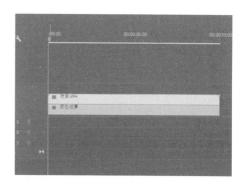

图 4-149　拖入轨道

19 选择"矩形选框工具"，在视频上拖拽出一个矩形的效果，如图 4-150 所示。

20 在"效果控件"中找到"形状"，将形状前面的下拉三角形进行闭合，如图 4-151 所示。

21 闭合之后复制这个层，调节位置数值，如图 4-152 所示。

图 4-150　制作矩形效果

图 4-151　找到形状

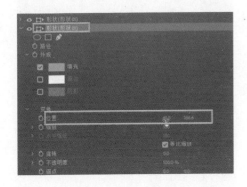

图 4-152　调节位置的数值

22 在"效果面板"中搜索"遮罩"，将"轨道遮罩键"移动至轨道 2 的视频上，如图 4-153 所示。

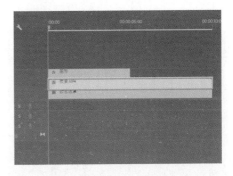

图 4-153　添加轨道遮罩键

23 找到"效果控件"中的"轨道遮罩键"，在"遮罩"里面选择"视频 3"，这时整个视频就显示出来了，如图 4-154 所示。

图 4-154　设置轨道遮罩键

24 选择时间轴上的图形，在"效果控件"中找到"形状 01"，在位置前方打上关键帧，并调节 Y 轴数值，同样的方法将"形状 02"也进行设置，如图 4-155 所示。

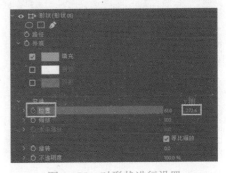

图 4-155　对形状进行设置

25 选择"文件-新建-旧版标题"命令，利用"文字工具"在面板中输入文字，如图4-156所示。

图4-156　新建旧版标题

26 将时间轴上的图形往上移，选择"轨道2"上的视频，将"效果控件"中的轨道调整为"视频4"，如图4-157所示。

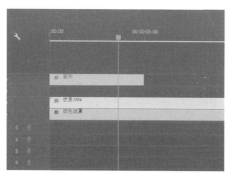

图4-157　设置效果控件

27 将"项目面板"中的字幕拖动至"轨道3"，如图4-158所示。

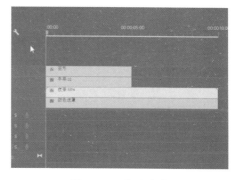

图4-158　拖动字幕

28 将字幕往后移动，这样片头效果就完成了，如图4-159所示。

图4-159　成片效果

四、导视频：导出高清无损版视频，画质高人一等

本实例介绍了如何将视频进行导出，虽然操作相对简单，但是导出的视频尺寸直接关系到后期视频的成像画质，所以不但要掌握好每个输出视频的尺寸大小，还需要对视频在上传后防止被二次压缩来进行诸如比特率等视频参数的设置，如图4-160所示。

制作要点：

■ 了解常见视频的尺寸。

■ 导出视频的操作步骤。

难易程度： ★☆☆☆☆

图4-160 视频导出

 操作流程

01 视频制作完成后，单击时间轴，将时间轴点成蓝色（可同步看视频观察颜色变化），如图4-161所示。

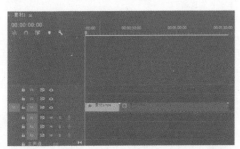

图4-161 点击时间轴

02 选择"文件-导出-媒体"命令进行视频的导出，如图4-162所示。

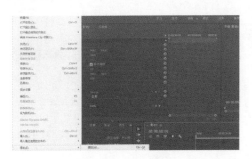

图4-162 导出视频

03 导出设置格式为H.264，预设为"匹配源-高比特率"，自定义输出名称后，选择合适位置进行输出，如图4-163所示。

图4-163 导出设置

04 设置比特率编码为1次，目标比特率为6~10，最大比特率不超过12，单击"导出"按钮即可，如图4-164所示。

图4-164 比特率的设置

五、风格调色：影片高级全靠调色，小清新、怀旧风随意换

本实例讲解如何对视频进行调色，通过本节课的学习，读者可以轻松使用 LUT（颜色查找表）进行视频调色，操作简单，但输出的效果却非常好看，如图 4-165 所示。

制作要点：

■ 了解工作区的作用。

■ "Lumetri 颜色" 的使用。

难易程度： ★★☆☆☆

扫码看视频

图 4-165　视频调色

 操作流程

01 找到工作区，单击"颜色"按钮，右侧会出现"Lumetri 颜色"窗口，如图 4-166 所示。

图 4-166　找到 Lumetri 颜色

02 在"Lumetri 颜色"窗口中勾选"创意"复选框后找到 Look 选项，如图 4-167 所示。

图 4-167　找到 Look 选项

03 单击 Look 右侧下拉三角形，会出现各种预设，然后就可以对视频调色了，如图 4-168 所示。

04 根据个人需求，调节想要的视频颜色效果，如图 4-169 所示。

图 4-168 预设的选择

图 4-169 成片效果

六、人物处理：面部磨皮和头部特写，人物更出镜的秘诀

　　本实例是给视频中的人物进行相应处理，一种是通过插件进行人物面部磨皮，另一种是通过效果控件对人物进行头部特写。两种方式都是在做视频时经常使用的技法，希望能帮助到大家，如图 4-170 所示。

制作要点：
■ 放大效果的使用。
■ 贝塞尔工具的使用。
■ 磨皮插件的使用。

难易程度： ★★★★☆

扫码看视频

图 4-170 视频人物大头特效

操作流程

01 将素材拖至时间轴，找出人物静止画面并进行截取，如图 4-171 所示。

02 在"效果"界面搜索"放大"，将找到的"放大"选项拖至刚刚截取的视频上面，如图 4-172 所示。

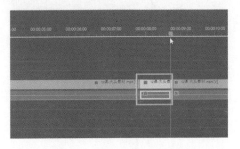
图 4-171 截取人物

图 4-172　找到放大效果

03 这时可以调节"大小"等参数，然后设置"中央"参数，将其移动到人物的脸上，并将"放大率"缩小，如图 4-173 所示。

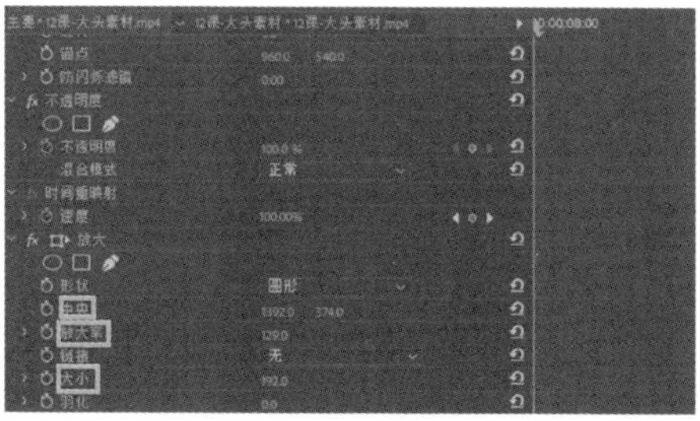

图 4-173　设置放大率

04 使用"钢笔工具"将人物的头部进行抠出，这样人物头部放大效果就出来了，如图 4-174 所示。

图 4-174　成片效果

05 下面进行人脸磨皮操作。安装 Beauty Box 插件，并重启 Premiere 软件，如图 4-175 所示。

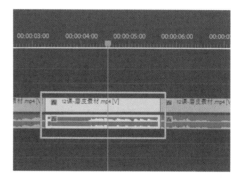

图 4-175　安装插件

06 将素材拖进时间轴，对人物脸部需要处理的画面进行截取，如图 4-176 所示。

图 4-176　截取画面

07 选择"效果-视频效果-Digital Anarchy"命令，找到 Beauty Box 选项并将它拖至刚刚截取的视频上，如图 4-177 所示。

图 4-177　找到插件

87

08 在"效果控件"界面的 Beauty Box 选项区中勾选"显示遮罩"复选框，如图 4-178 所示。

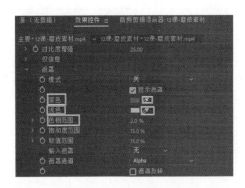

图 4-178　勾选"显示遮罩"复选框

图 4-179　设置遮罩

09 单击"深色"吸管工具吸取人物脸部阴影区域，再单击"浅色"吸管工具吸取人物脸部高光区域，降低"色相范围"数值，让其呈现出磨皮美白的效果，如图 4-179 所示。

10 此时人物脸部已经进行了磨皮，如图 4-180 所示。

图 4-180　成片效果

七、分屏特效：多画面同时播放，像叠加图层一样处理视频

本实例分为两部分，第一种讲解换屏特效的具体实操步骤，过程相对比较复杂，第二种讲解通过预设进行分屏效果的处理，两者使用场景是一样的，根据个人喜好，任选其一进行使用即可，如图 4-181 所示。

制作要点：

■ 线性擦除的使用方法。

■ 分屏预设的导入和使用。

难易程度：★★★☆☆

扫码看视频

图 4-181　分屏特效

操作流程

01 将两个素材拖至时间轴，将"素材2"放至"素材1"的上方，如图4-182所示。

图4-182 摆放素材

02 框选所有视频并单击鼠标右键，选择"取消链接"命令，把下方的声音删除，如图4-183所示。

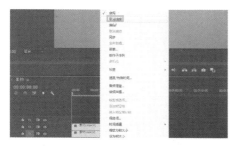

图4-183 取消链接

03 在"效果面板"选项区中搜索"线性擦除"并将其拖至"素材2"上，如图4-184所示。

04 在"效果控件"界面中找到"线性擦除"，可调节"过渡完成"和"擦除角度"的数值，如图4-185所示。

05 此时可以看到下方的视频，如图4-186所示。

图4-184 找到线性擦除

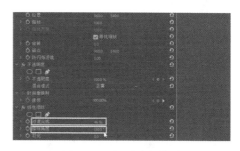

图4-185 调节线性擦除

图4-186 产生效果

06 将"线性擦除"拖至"素材1"上，在"效果控件"界面中调节"过渡完成"和"擦除角度"的数值，如图4-187所示。

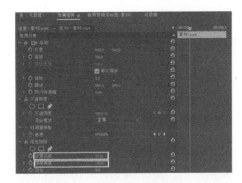

图 4-187　继续调节线性擦除

07 将时间线调节到最前面，按两次 Shift +→键向右调节 10 帧，如图 4-188 所示。

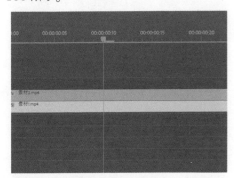

图 4-188　快速右移

08 在"效果控件"界面的"位置"前方设置关键帧，"素材 2"也同样设置关键帧，如图 4-189 所示。

图 4-189　设置关键帧

09 单击"素材 2"，设置"效果控件"界面中的"运动"效果，将"素材 2"往下移，移到看不见为止。"素材 1"也进行同样的操作，如图 4-190 所示。

图 4-190　设置运动效果

10 此时，"换屏效果"就完成了，如图 4-191 所示。

图 4-191　成片效果

11 将 4 个素材拖至时间轴，并分别将 4 个素材进行排列，如图 4-192 所示。

12 框选所有的视频并右击鼠标，选择"取消链接"命令，将视频和音频进行分开，如图 4-193 所示。

13 框选所有的音频，按 Delete 键将音频全部删除，如图 4-194 所示。

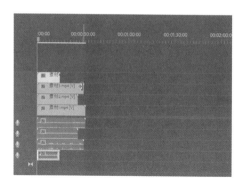

图 4-192 拖动素材至时间轴

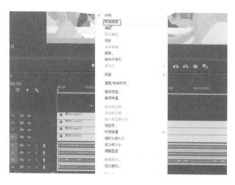

图 4-193 取消链接

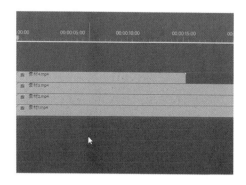

图 4-194 删除音频

14 在"效果面板"中找到预设，导入事先准备好的分屏预设，如图 4-195 所示。

15 导入之后会多出来很多预设，将"四分屏"的"右上""右下""左

上""左下"分别拖至 4 个素材上，如图 4-196 所示。

图 4-195 导入预设

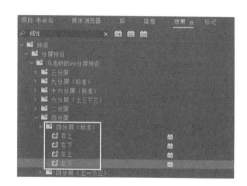

图 4-196 设置预设

16 "分屏效果"就完成了，如图 4-197 所示。

图 4-197 成片效果

八、文字滚屏：电影片尾字幕滚动，为作品画上完美句号

本实例是给视频添加滚动字幕效果，这种效果在视频制作领域很常见，如图 4-198 所示。

制作要点：

■ 旧版标题的使用。

■ 线性擦除的使用。

难易程度： ★★★★☆

扫码看视频

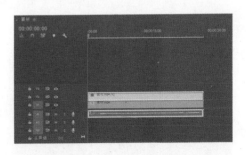

图 4-198　滚屏字幕

操作流程

01 将视频拖入时间轴，在"效果控件"中调节缩放值，将视频缩小至一定程度，如图 4-199 所示。

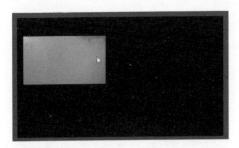

图 4-199　效果控件的设置

02 选择"选择工具"，按住 Alt 键将视频复制一层，在"效果"面板中找到"垂直翻转""线性擦除"和"高斯模糊"，将其放之前复制的视频上，如图 4-200 所示。

图 4-200　添加效果

03 目前视频已经翻转过来了，一旦翻转过来调整"效果控件"的"位置"中的 Y 轴数值即可，如图 4-201 所示。

04 将"线性擦除"中"擦除角度"改为 0，调节"过渡完成"和"羽化"的数值，让边缘有过渡效果，最后调节"高斯模糊"，使其更加逼真，如图 4-202 所示。

图 4-201　调节位置

图 4-204　拖动文字

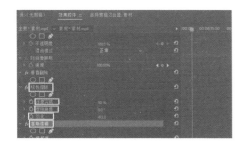

图 4-202　调节线性擦除

07 将时间轴上的两个视频进行框选，在快捷菜单中选择"嵌套"命令，就相当于将两个视频进行了合并，如图 4-205 所示。

05 选择"文件-新建-旧版标题"选项，将"字幕类型"设置为"滚动"，勾选"开始于屏幕外"和"结束于屏幕外"复选框，输入文字并将文字进行设置，如图 4-203 所示。

图 4-205　对素材进行嵌套

08 在效果面板中搜素 3D，将"基本 3D"选项拖至刚刚嵌套了的视频上，如图 4-206 所示。

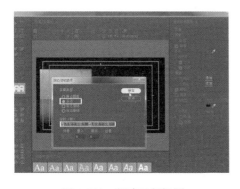

图 4-203　新建旧版标题

06 将文字拖至时间轴上，这样视频上就有文字显示了，如图 4-204 所示。

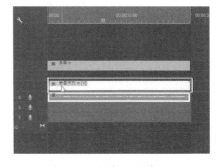

图 4-206　添加"基本 3D"

09 在"效果控件"界面中找到"基本3D"选项，调节"旋转"数值和"倾斜"数值，可将视频的位置倾斜过来，如图 4-207 所示。

10 最终视频的滚动效果就做好了，如图 4-208 所示。

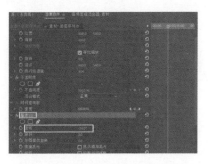

图 4-207　设置基本 3D

图 4-208　成片效果

九、效率提升：提高剪辑效率的多种技巧，简单易用

　　本实例是针对效率提升进行的讲解，通过多种技巧的学习，能够快速提升短视频的剪辑效率，每个技巧都是剪辑中常用的操作，需要多次操练才能让自己熟记于心，如图 4-209 所示。

制作要点：

■ 快速复制效果的使用。

■ 快速添加转场的使用。

难易程度： ★★★☆☆

扫码看视频

图 4-209　提升剪辑效率

 操作流程

01 将素材拖至时间轴上，并按顺序排列到位，如图 4-210 所示。

02 单击"素材 1"，在"效果面板"中找到色彩并将它拖至"素材 1"上，这样"素材 1"就变成黑白色，如图 4-211 所示。

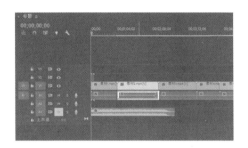

图 4-210 拖动素材

图 4-213 成片效果

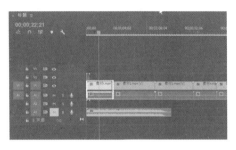

图 4-211 设置效果面板

03 按 Ctrl + C 键复制"素材 1"的效果，框选其他四个视频，对视频里面的属性进行粘贴，如图 4-212 所示。

图 4-212 粘贴属性

04 此时所有视频就变成黑白效果了，这就是"快速复制效果"，如图 4-213 所示。

05 首先设置入点和出点，截一段需要插入的视频，如图 4-214 所示。

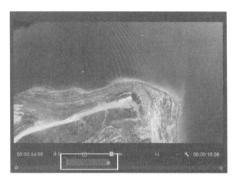

图 4-214 设置入点和出点

06 按下","键，这时视频会直接插入至蓝色横线部位，也就说横线在哪儿它就插入在哪儿，如图 4-215 所示。

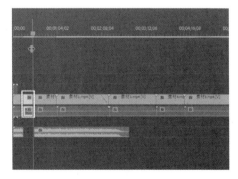

图 4-215 快捷键的使用

07 单击项目面板中的"素材 1"，直接将它拖至视频中相对应所需的区域即可，如图 4-216 所示。

图 4-216 快速插入素材

08 选择"剃刀工具"在视频上面裁剪出多个段落,如图 4-217 所示。

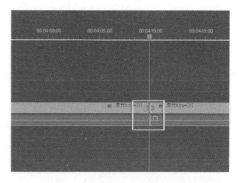

图 4-218 添加转场

10 如果想将裁剪区域都添加转场效果,可以通过选择工具进行框选,然后施加效果,如图 4-219 所示。

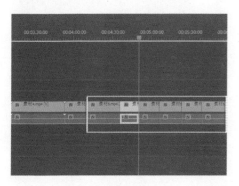

图 4-217 裁剪视频

09 将"时间线"放至切割位置,按 Ctrl + D 键,会添加默认的"交叉溶解"转场,如图 4-218 所示。

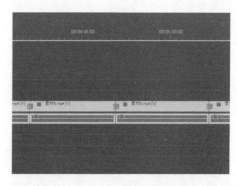

图 4-219 快速添加相关转场

十、流畅不卡:1分钟解决卡顿问题,告别崩溃重启再返工

本实例是讲解如何让视频剪辑不卡顿。计算机配置低或者视频文件较大等情况下,会造成视频的卡顿,甚至出现计算机死机等情况,可以根据自身计算机配置的情况,通过以下 3 种方法进行设置,最终让剪辑流畅,如图 4-220 所示。

制作要点：

■ 熟练掌握入点和出点的设置。

■ 代理剪辑的使用方法。

难易程度：★★★★☆

扫码看视频

图 4-220　解决视频卡顿

 操作流程

01 方法 1：可以降低视频播放的分辨率，选中视频预览框，将视频预览分辨率改为 1/2 或者 1/4 或者 1/8，数值越小，播放更加流畅，如图 4-221 所示。

图 4-221　设置播放的分辨率

02 方法 2：选中视频把开头的地方设置为入点，结尾的地方设置为出点，设置后选择"序列－渲染入点到出点"命令，这样视频播放就会更顺畅，如图 4-222 所示。

03 方法 3：对"收录设置"选项区中的"预设"进行设置，如图 4-223所示。

04 将素材拖至 Premiere 软件，拖入之后视频可关联 Media Encoder 进行渲染，如图 4-224 所示。

图 4-222　渲染视频

图 4-223　收录设置

05 如果无法选择"收录设置"选项，就会弹出以下窗口，那是因为没有安装 Media Encoder 插件，一旦安装了就可以直接勾选了，如图 4-225 所示。

图 4-224　Media Encoder 导出

图 4-225　安装提示

06 选择所需的"序列预设",如图 4-226 所示。

图 4-226　序列预设

07 将视频拖至时间轴,此刻会有黄色的线条,表示此处播放会有卡顿,如图 4-227 所示。

图 4-227　卡顿提示

08 找到"切换代理"按钮并拖至下方,如图 4-228 所示。

图 4-228　切换代理剪辑

09 在剪辑视频过程中,将"代理按钮"点蓝,这样播放就不会卡顿了,如图 4-229 所示。

图 4-229　设置代理剪辑

10 在输出之前需将"代理按钮"点成白色，再选择"文件 - 导出 - 媒体"命令，这时会发现视频是 3840 ×2160 分辨率，所以通过代理剪辑，即使它是 4k 画质也不会播放卡顿，如图4-230 所示。

图 4-230　导出设置

十一、视频压缩：视频被限制大小？　一招压缩同时保质量

　　本实例是如何将视频进行压缩，内容超级实用，当遇到在微信等平台发布视频被限制大小时，难免会心烦意乱。通过本节学习后，将不会再为视频太大导致被强制压缩而烦恼，如图4-231 所示。

制作要点：

■ 了解压缩软件的原理。

■ 压缩软件的实操使用。

难易程度： ★☆☆☆☆

扫码看视频

图 4-231　视频压缩

 操作流程

01 安装小丸工具箱，如图4-232 所示。

02 安装好之后打开，将需要压缩的视频拖进来单击输出，如图 4- 233 所示。

03 将小丸工具箱里面的数值进行设置，设置好之后单击"压制"按钮，如图4-234 所示。

04 这样视频就压缩完成了，可以对比一下，如图4-235 所示。

图 4-232　安装插件

图 4-233　压缩视频

图 4-234　插件设置

图 4-235　前后对比

十二、降噪处理：配合 AU 给视频降噪，让视频更加完美

本实例讲解如何给视频降噪，通过本节讲解的操作方法，能让视频质量看起来更好，也能让视频里面的杂音完全去除掉，让个人的视频更加完美，如图 4-236 所示。

制作要点：

■ 了解红巨人插件的安装和使用。

■ AU 软件的使用。

难易程度： ★★☆☆☆

扫码看视频

图 4-236　降噪处理

操作流程

01 安装"红巨人降噪"插件，并且导入视频，如图4-237所示。

图4-237　安装插件

02 在菜单中找到 Denoiser III，并将它拖至视频上，如图4-238所示。

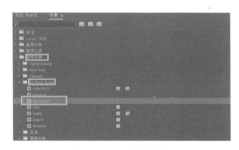

图4-238　找到插件

03 将"效果控件"界面的 Denoiser III 中的 Reduce Noise（移除噪点）调节至100%，其他保持默认值即可，如图4-239所示。

图4-239　设置插件

04 根据自己的需求，调节出想要的视频颜色效果，如图4-240所示。

图4-240　成片效果

第五章
Premiere短视频制作高级技法

本章介绍的是 Premiere 非线性编辑软件的高级案例，内容涵盖新建系统预置素材（如声音剪辑、影片特效等）、修改素材尺寸比例与帧频、素材的编辑、素材的提升与析取、嵌套序列，以及制作关键帧动画（如位移、旋转、不透明度关键帧动画），最后通过几个优秀视频案例分析相关类型影片的差异化制作流程。

第一节　炫酷特效进阶

下面通过几个视频特效案例，介绍一些常用的炫酷效果的制作方法。

一、滚动效果：垂直和水平切换，观感效果更强烈

本实例介绍如何给视频添加垂直和水平两种转场效果，虽然大部分的转场都有预设，可以直接添加，不过还是建议大家对转场有个更系统深入地了解，以便制作更加个性化的影片效果，如图5-1所示。

制作要点：

■ 垂直转场的使用。
■ 水平转场的使用。

难易程度：★★★★☆

扫码看视频

剧务：周达
音效：王梁川
道具：张楚山
配音：王密

统筹：李传勇
剧本：安朋

图 5-1　滚动效果

操作流程

01 将视频拖至时间轴，在两个视频中间新建一个"调整图层"，并将它拖至两个视频中间部位，如图5-2所示。

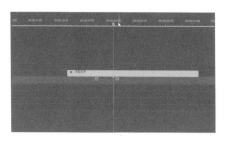

图 5-2 新建调整图层

02 按 Shift + ←键，将时间线往左移动5帧，如图5-3所示。

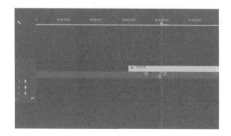

图 5-3 快速左移

03 按 2 次 Shift + →键，将时间线往右移动 10 帧，确定好调整图层的位置，如图5-4所示。

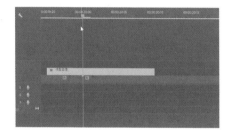

图 5-4 快速右移

04 在"效果"面板中输入"位移"，将"位移"移动到"调整图层"上，这时"调整图层"上就有位移效果了，如图5-5所示。

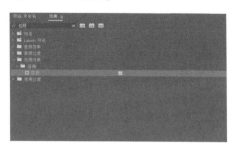

图 5-5 位移效果设置

05 按 Shift + ←键，将时间线调节到调整图层的最前方，在"效果控件"中找到"位移"选项，选择"将中心移位至"选项并在它最前方设置关键帧，如图5-6所示。

图 5-6 "将中心移位至"的设置

06 按 2 次 Shift + →键，向右调节 10帧，再将"将中心移位至"选项后面的参数进行相应调节，如图5-7所示。

图 5-7　"将中心移位至"的设置

07 如果视频上下两个部位不贴合，可以在"与原始图像混合"最前方设置关键帧，按下→键，将参数调成100%，如图5-8所示。

图 5-8　与原始图像混合的设置

08 再次将时间线放至两段视频的中间部位，在"效果"面板中找到"方向模糊"选项，将它施加"调整图层"上，如图5-9所示。

09 找到"方向模糊"，在"模糊长度"上设置关键帧，把"模糊长度"改为90，这时视频就模糊了，如图5-10所示。

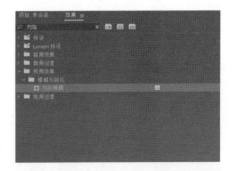

图 5-9　找到"方向模糊"

图 5-10　"方向模糊"的设置

10 按Shift+←键将"模糊长度"设置为0，再将时间线移动到中间，按Shift+→把模糊程度改为0，垂直翻转效果就做好了，如图5-11所示。

图 5-11　垂直翻转效果

二、颜色分离：打造色差失真迷幻感，一秒变身抖音同款特效

本实例展示了在视频中产生的颜色分离特效，这种效果在抖音里面经常能够看到，做法其实不难，如图 5-12 所示。

制作要点：

■ 了解通道的使用。

难易程度： ★ ★ ☆ ☆ ☆

扫码看视频

图 5-12　颜色分离效果

操作流程

01 将视频拖至时间轴，对需要的部位进行截取，单击鼠标右键选择"取消链接"命令，将音频删除，如图 5-13 所示。

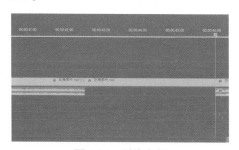

图 5-13　删除音频

02 选择"选择工具"的同时按住 Alt 键复制视频两次，将"效果"面板的颜色平衡（RGB）分别拖放至这三个视频上，如图 5-14 所示。

03 拖放好后单击最下面的素材，在"效果控件"中依次设置红色、绿

色和蓝色，另外两个视频也进行同样的操作，如图 5-15 所示。

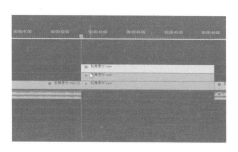

图 5-14　找到颜色平衡

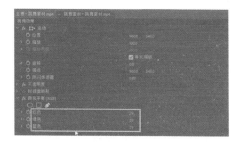

图 5-15　设置颜色

04 单击"不透明度"前面的小三角形使其展开，对混合模式进行调节，将三段视频改为"滤色"模式，再将位置进行调节，这样颜色分离效果就出来了，如图5-16所示。

图5-16　成片效果

三、影院大片：5分钟升级电影大片，加个黑边就这么简单

本实例介绍如何将视频做出影院大片的方法，通过电影黑框的添加和颜色的调节，最终可以快速做出电影质感的视频效果，如图5-17所示。

制作要点：

■ 黑框效果的使用。

■ Lumetri 颜色的使用。

难易程度： ★★☆☆☆

扫码看视频

图5-17　影院大片效果

🔧 **操作流程**

01 将所有素材拖至时间轴，把黑框效果放至视频两端视频，如图5-18所示。

02 进入"颜色"页面，在"Lumetri 颜色"展开的"色轮和匹配"中单击"比较视图"选项，如图5-19所示。

图5-18　黑框视频的设置

图5-19　色轮和匹配的调节

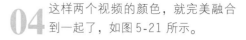

03 选择"素材2",设置"Lumetri颜色"里的"色轮和匹配"相关选项,使"素材1"的颜色迅速融合到"素材2",如图5-20所示。

04 这样两个视频的颜色,就完美融合到一起了,如图5-21所示。

图 5-20 融合视频

图 5-21 成片效果

四、特效集合:三种常用转场特效,让场景切换更有趣

本实例是特效集合的讲解,通过三种转场的学习,能够快速提升自己的剪辑效率,每个转场特效都是剪辑中常用的操作,需要多次操练才能让自己熟记于心,如图5-22所示。

制作要点:

■ 转场预设的导入。
■ 转场预设的使用。

难易程度: ★ ★ ★ ☆ ☆

扫码看视频

图 5-22 转场特效

 操作流程

01 特效1:将准备好的转场特效导入Premiere软件,把视频拖至时间轴,展开"效果"面板的"切割转场"中的"水平切割"选项,如图5-23所示。

02 找到两个视频结合的部位,按2次Shift+←键进行裁剪,按住4次Shift+→键进行裁剪,通过"选择工具"框选,按住Alt键向上移动复制1层,如图5-24所示。

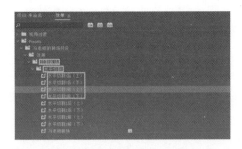

图 5-23 水平切割

图 5-26 成片效果 1

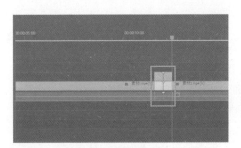

图 5-24 复制视频

03 将"效果"面板的"水平切割"的后上 \ 后下 \ 前上 \ 前下分别拖至对应的视频上，如图 5-25 所示。

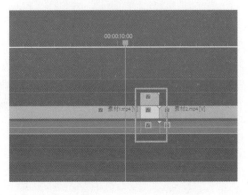

图 5-27 快速移动并复制视频

06 在"效果"面板的"边缘弹出"中随便选择一种效果，将它拖至视频上，如图 5-28 所示。

图 5-25 拖动效果

04 这样水平切割效果就快速做好了，如图 5-26 所示。

05 特效 2：将时间线放至两段视频中间，按 3 次 Shift+←键进行裁剪，单击"选择工具"并按住 Alt 键，向上移动复制一层，如图 5-27 所示。

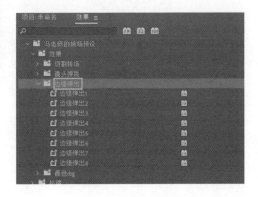

图 5-28 边缘弹出

07 利用"效果控件"中的"将白色映射到"可以调整人像颜色，如图5-29 所示。

图 5-29　效果控件的调节

08 这样"边缘弹出"效果就做好了，如图 5-30 所示。

图 5-30　成片效果 2

09 特效 3：按 2 次 Shift + ←键并进行裁剪，再按 Alt 键向上移动复制两层，如图 5-31 所示。

图 5-31　快速移动并复制视频

10 将"效果控件"中的"颜色 rgb"上 \ 中 \ 下效果分别拖至视频上，这样"颜色 rgb"效果就完成了，如图 5-32 所示。

图 5-32　成片效果 3

五、多机位剪辑：让镜头多角度展现，更好呈现视觉特效

什么是多机位剪辑？顾名思义，就是多个机位、多个角度最终剪辑出来的视频，通过不断切换视频镜头实现多机位剪辑效果，如图5-33 所示。

微信视频号 全流程实战

制作要点：

■ 按照顺序排列视频。

■ 单击切换多机位视图。

难易程度： ★ ★ ★ ☆ ☆

扫码看视频

图 5-33　多机位剪辑

 操作流程

01 将视频素材拖进轨道，按照顺序排列好。框选视频进行嵌套，这样所有的视频都合并在一起了，如图 5-34 所示。

图 5-34　嵌套视频

02 单击 + 按钮，找到切换多机位视图拖出来视图，如图 5-35 所示。

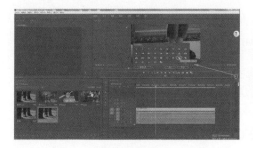

图 5-35　找到切换多机位视图

03 在视频上单击鼠标右键找多机位，选择"启用"命令，如图 5-36 所示。

图 5-36　启用多机位

04 单击切换多机位视图，则预览窗上由一个画面变成了几个画面，通过不断切换视频镜头实现多机位剪辑效果，如图 5-37 所示。

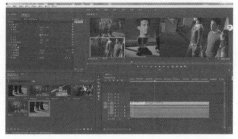

图 5-37　切换镜头的不同效果

第二节 优秀视频案例解析

下面通过四个优秀的视频案例，分析一下制作方法和技巧。

一、娱乐搞笑：声音快放，让视频声音更加诙谐

其实大部分视频中的声音是很正常的，但是在有些视频中声音很尖锐、语速很快，如何做出这个效果呢？可以放快整个视频的节奏，如果不需要原声，还可以在效果里面进行更换，如图5-38所示。

制作要点：

■ 放快整个视频。

■ 在效果里面进行更换。

难易程度： ★★☆☆☆

扫码看视频

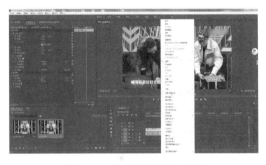

图5-38 改变视频中的人声

二、解说电影：教你 X 分钟看完一部电影

很多视频都是用短短的几分钟将一整部电影浏览完，这种视频很受欢迎，适合没时间看电影还想了解故事情节的观众。这里我们就来讲解如何制作这种短视频，如图5-39所示。

制作要点：

■ 掌握如何写脚本。

■ 配音和剪辑。

难易程度： ★★★☆☆

扫码看视频

图5-39 如何写脚本

三、生活 vlog：燃烧的陀螺仪，拍摄"生活仪式感"走红博主

生活 vlog（视频网络日志）是很多知名博主常用的短视频表现手法，通过将自己每天的事情用音乐剪辑的方式呈现给观众，博取观众的喝彩，下面我们就来学习如何制作生活 vlog，如图 5-40 所示。

制作要点：

■ 常用的运镜技巧。

■ 音乐的选择。

难易程度： ★★☆☆☆

扫码看视频

图 5-40　运镜技巧

四、游戏解说：修仙不倒大小眼，看他如何幽默吐槽

这种短视频以高分路人和职业选手为主，擅长用搞怪的表情、声音、幽默的语言来营造欢快的娱乐效果。这里我们将学习如何录制游戏，用教学来吸引观众，如图 5-41 所示。

制作要点：

■ 通过计算机录制游戏画面。

■ 配音和剪辑。

难易程度： ★★★☆☆

扫码看视频

图 5-41　游戏解说

第六章

视频号运营基础

当我们制作好一段短视频后，就需要对它进行运营，通过用户的点赞、留言等信息，提高用户黏性，增强粉丝互动，从而达到提高变现转化的目的。本章学习如何提高用户在账号上的停留时间，如何引导用户留言，以及让用户点赞和转发。最后介绍了如何建立私域流量池的方法。

大家都知道，衡量一个互联网产品是否受欢迎，总会用用户数量来衡量。但是现在衡量短视频平台的优劣，还会加上一个维度，那就是停留时长，即用户每天停留在自己账号上的时间长度，时间越长表明产品越有吸引力、价值越大。同样道理，停留在我们视频号上的用户越多，越会成为该号的忠实粉丝。停留时间越长，表明忠诚度越高；粉丝数量越多，商业变现能力越强。所以在很多平台上，粉丝付费收益往往大于广告收益。

第一节　从零开始运营一个视频号

本节我们从零开始运营一个视频号，手把手教大家进行操作。

一、基础运营：停留时长

从运营角度来看，用户在视频的停留时间反映了视频号的健康度。一般情况下，用户的需求与视频内容匹配度越高，页面浏览时间越容易聚拢在一个相对集中的区间里。

网站页面浏览时长并不等于停留时长，所以在数据获取阶段，如果不能准确地获取用户在某个页面的停留时长，那么对于我们后续分析也会产生一定的误导。

（一）用户停留时长的重要性

如果用户在自己的视频上停留时间很短，那么系统会得出判断，它推荐给用户的视频没有得到用户的认可，对用户的价值不高，接下来系统就会减少导入到该视频的流量，导致视频曝光率下降。

（二）判断用户是否有价值

如果用户看到视频后很短时间就离开了，说明这条视频对他没有吸引力，那么将流失一个潜在用户。

（三）判断用户黏性及贡献

用户停留时间长，说明视频对他的价值大，对其黏性强，他就更容易经常点击我们的视频。只要用户在我们的视频上停留的时间足够长，就可以做更多实现变现的视频。

二、提升品质：用户点赞

随着互联网的发展，电子竞技、电商运营、短视频等迎来了红利期。许多人抓住这个机会运营视频号。在这个流量为王的时代，粉丝点赞的多少决定了视频号价值的高低。

（一）增加视频号账号权重

一个视频号的点赞量高会相应提高粉丝数量，给我们点赞的人越多，播放量也就越大，有些用户就会被引流到作者主页，进行关注。这样无形中丰富了粉丝群的属性，粉丝群属性越广作品被推荐的范围就越大，作品上热门的概率就越高，从而账号的权重也就越高。

（二）增加收入，提高商业价值

自媒体人变现的方式主要有两种，一种是流量变现，现在各短视频平台都有补贴，对于普通视频号运营者（粉丝数量一般的），多一个点赞量可能意味着多一份收入。另一种是商业变现，商业变现就是接品牌广告，现在很多广告主对短视频广告需求非常大，而广告佣金和粉丝量有着很大的关系。

保持人气，提升知名度

众所周知，一个视频号想要出名，肯定少不了背后拥有的大量粉丝力量。如果一个视频号粉丝可观，但点赞量非常低，这说明博主人气不高，随之而来的就是点赞量和点击量下降。所以粉丝点赞越多越可以体现出微信视频号知名度的影响力。

很多朋友都想知道自己视频号的点赞关注达到多少数量容易上热门，其实这个因果关系完全是搞错了。视频号热门的原理是这样的，当视频发出去以后，视频号会对用户发布的视频进行推送，在推送的过程中有人看到了该视频，该视频的播放量就会增加。在播放量增加的过程中，会有人给该视频点赞、留言和关注。上热门的关键并不是获得了多少点赞和关注，而是该视频在推送过程中是否能在数据上达标（点赞率、留言率、完播率和关注率）。

三、完美配合：大小号的技巧

公众号互推是一种常用的涨粉方法，在视频号里面，仍然可以通过互推吸粉。现在视频号更新了@视频号主的功能，号主评论区留言通过名字也可以直接跳转主页，同样的互推，一次涨粉至少 200 ~ 300 个，这个数据是在两个账号都有一定粉丝的基础上得来的。

在互推的时候，在文案区同时@自己的小号，用户如果想关注，只需要点击这个@的号主名字直接进入主页关注。互推后可以在被推的那个号积极留言，利用置顶留言的功能，提升互推涨粉数量。

用户还可以通过评论区号主的名字直接进入主页，无论是关注效率还是效果，相比之前都有很大提升。如果自己同时运营几个号，每天发布视频的同时，也可以互相@对方，文案上稍微带点引导，每天也会有不同程度的引流，效果还是不错的。

第二节　增加热门概率

一个短视频在平台上是否受欢迎，需要多个条件综合去衡量，比如点赞量、评论量、转发量、浏览量和完成率等，上一节介绍了如何提高短视频内容的点赞率，这一节将重点介绍提高短视频评论量和转发量的方法。

一、制造话题：引导用户留言

想要让自己的视频号快速涨粉，就要巧妙利用话题功能。具体来讲，就是每次发视频的时候，要充分利用可添加的话题。视频发布之后，首先要引导用户去评论互动，这样自己的视频才会有更多曝光。

话题标签的用处如下。

- 话题标签直接参与微信搜索排名（只要用户短视频的内容包含关键词即有可能被搜索出来）。
- 话题标签方便将发布者所有发布的视频进行分类，当我们想查找某个话题有哪些视频时，也可以用它来搜索。

在我们发布视频号内容的时候，在添加描述文案的左下角有"话题"的按钮或者单击键盘上的#符号即可输入，视频号支持同时出现多个标签，在#之后的内容都会自动被识别为话题标签。

注意：通过输入标点符号或者空格作为一个话题标签的结束，否则后面所有内容会被识别为话题标签。

可以尝试从微信搜一搜、百度、微博、抖音等各大平台搜索自己要做的话题的关键词，看关键词下拉的长尾词有没有合适的，尽量使用长尾词作为话题标签。如果想要打造个人IP的，则可以使用自己的ID作为标签，或者自创话题标签。

话题标签还可以引流，在朋友圈可以发布话题标签，#一下自己的公众号或者视频号，就可以为自己引流。

二、提高用户转发：扩大影响力

用户转发视频的基础动机实际上是该视频能否帮助他们的朋友，或者与朋友分享自己获得的快乐和知识。

如何才能让用户转发我们的内容呢？创作者可以主动用文案进行引导。创作者可以在视频开头处提醒用户去转发，或者是在视频末尾处，用字幕的形式提醒用户转发。好的文案可以引导大家去转发，但是要说出读者内心想表达的话，要么把大家的痛点讲得简明扼要，切实让用户感受到这个内容值得转发。另一种方式是让用户主动转发，不需要去提醒，用户自己就愿意转发，下面介绍几种能够让用户主动转发的关键点。

（一）增加内容感染力，引发共情

一个视频要让用户产生转发行为，首先要激发用户的共情。像一些以善良、感人为主题的内容，更容易获得用户情感上的共鸣，引起主动转发分享的行为。

（二）分享干货，体现自身价值

用户转发了看到的干货，除了自己从中受益，看到的人也会从中受益，这个过程给分享行为赋予了更多的价值。

（三）调动用户的情绪

很多时候用户的转发行为是在情绪的驱使下进行的，所以要学会用言语调动用户的情绪，从而让用户进行转发。

第三节　私域用户的维护

本节介绍如何将流量进行变现的方法，这是所有做短视频运营的人都关心的问题。要想变现，必须维护好微信用户的服务，然后进行商品推销。

一、稳定流量：引导用户的技巧

如果用户通过朋友圈、私信、社群等方式跟视频号主进行了良好的沟通，那么用户就把号主当成了朋友，一个可以去建立社交关系，以及信任的朋友。

在这个社会里，信任才是最大的转化成本，如果通过流量筛选后，用户对号主产生了足够的信任，会很容易进行商业变现。回归到这个本质上来，从引流到变现其实就是运营四部曲：知道、了解、信任和成交。

（一）坚持持续更新内容

万事开头难，要想持续获取粉丝，必须坚持创作，持续输出原创内容，原创内容会优先得到平台推荐，平台上面没看过的内容也会有更多人会点进去了解。创作者不能偷懒，必须持续为粉丝以及潜在粉丝提供新内容。如此下来，粉丝的黏性才会更高，而且蝴蝶效应能够为账号持续引流带来新的粉丝。在任何一个内容平台上，确定方向之后，最重要的就是持续输出，同时持续保持内容的质量。"三天打鱼、两天晒网"的内容输出习惯会被平台所监测、判分，从而影响微信流量资源的倾斜。一条能够吸引用户关注的优质视频是引流涨粉的最直接方法。此外，在视频号结尾处用简短的语音请求关注，也能够起到为视频账号引流涨粉的目的。

（二）内容要具有连续性

这里讲的连续性，即表现为账号里的每一个视频都有承上启下的相互关系，用户看到某一个视频就还会想看该账号其他相关视频。连续性的内容，给人产生期待感，产生怕丢失、怕错过的心态，因此只有先关注了再说。这种系列连载模式，可以帮助视频号主或运营者在一段时间内源源不断地持续输出。比如某套系列视频，会不断输出新的一期，形成连续性，很多用户是从中间看到了某期视频，如果对其感兴趣则会去往前找、往后挖，看完后觉得有深度、仔细、可操作，那么自然就会关注该账号，也就很容易涨粉了。

二、变现通用法宝：建立信任感

从心理层面解释，信任感是个体对周围的人、事、物感到安全、可靠、值得信赖的情感体验。信任感是在个体感到某人、某事或某物具有一贯性、可预期性和可靠性时产生的。

培育用户的信任感是非常重要的，这其实就是之后变现的一个核心，我们培育信任感就是为了后面进行变现。用户的信任是通过个人的 IP 输出、互动和实力培养起来的，总体来讲，信任感是建立在用户对这个人的了解上的。

（一）讲好个人故事

做视频其实是建立信任，消除陌生感，讲个人故事就为了消除陌生感。做视频号其实是在筛选自己的客户，选题就是在刺激用户的需求，从而呈现价值。然后通过个人故事以及热点故事来消除用户对号主的陌生感。

（二）真人出镜

在视频号上，无论销售什么产品，所处什么地位，都建议真人出镜，这是建立信任感非常好的方式之一。

三、雷区宝典：避免降权与遭到处罚

账号违反平台规则如下。

（一）视频号里有敏感话题

任何互联网的敏感词汇，在短视频中都是不能出现的。

（二）侵权或者混剪搬运

侵权或者混剪搬运主要就是复制了别人的作品，并且还被人举报了。可以模仿别人的内容，但是不能照搬，否则容易被举报侵权。想要真正做好视频号，原创是最重要的，一定要相信"内容为王"的道理。

（三）视频素材引用了知名商标 logo

如果这个商标和自己完全没有关联，只是想蹭别人的知名度，那就要注意了，这种情况很容易被人举报，视频号平台本身也是可以识别的，轻者下架内容，重者则会限流、封号。

（四）利诱别人加好友和关注

在各种视频以及公众号（甚至是个人号）里，通过一些方法诱导别人关注自己，很容易被平台限流（具体看诱导的方式和程度，严重的甚至会被封号），包括使用视频号字幕以及背景画面引导别人关注自己，都有可能遭到处罚，毕竟现在图片智能识别功能很强大，轻易就可检测出此类漏洞。

（五）评论区诱导关注

无论是在哪个平台，所有的评论下方不能随意添加自己的相关账号名称。哪怕自己没有发视频，只是在别人视频评论区发账号名称，也会被限流。

（六）短时间内多人点赞、评论

如果在很短的时间内有很多人点赞自己的视频，系统就会判定号主在"刷赞"。不要用自己的短视频在视频号上进行大量评论和点赞，这个是很容易被平台识别成违规操作。

第七章

视频号运营高级技巧

在上一章介绍了短视频的初级运营技巧，讲解了如何增加用户的停留时间，如何让用户留言的几种方法。让观众点赞和转发短视频的目的是活跃账号，增加热门概率。本章将深入探讨增加粉丝和上热搜的技巧，并介绍如何借助矩阵玩法获得稳定的流量。

学会涨粉的目的不仅仅是增加粉丝量，最终要通过一系列操作完成流量池的填充，达到变现目的。涨粉的方法不一定适用于每个人，但通过组合运用这些方法，均会产生一定的效果。

第一节　持续快速涨粉技巧

运营者的视频号或公众号使用了同一个认证主体或同一个管理员，就可以互相关联绑定。这个功能对同时做运营视频号和公众号的运营者才有意义，关联性更强了，可以实现最大的效益。

一、利用绑定关联涨粉

利用绑定关联可以快速涨粉。首先，公众号可以给视频号进行导流。现在可以直接从公众号主页固定入口跳转到视频号了，如果用户要找公众号号主的短视频内容，从这个入口进入，有可能把视频号也关注了。

其次，视频号可以给公众号进行导流，方便公众号沉淀视频号用户。做公众号的朋友都知道，公众号涨粉，现阶段可谓太难了。如果要进一步激励公众号号主的创作热情，最好的做法就是增加新的曝光和流量入口。以前，只能在单个视频号底部插入公众号文章，导流公众号，现在，视频号主页就有公众号入口。

视频号和公众号关联也方便了内容消费者——用户。现在内容创作者多数会覆盖公众号和视频号两个平台。如果用户有需要，可以方便切换公众号和视频号，不需要再退出后重新寻找。当然，最受益的还是微信内容生态了。短视频为代表的视频号和图文为代表的公众号，相互融合，互为补充。视频号基于社交进行传播，具有很强的公域性。公众号基于订阅进行信息获取，兼具公域性和私域性。两者的绑定，也起到了相互推广的作用。

二、全方位引流涨粉

视频号是微信开发的短视频平台，很多商家都想利用微信庞大的流量变现，无论是哪个时期的平台或媒体，用户（粉丝）量都是十分重要的。接下来介绍一下微信视频号涨粉引流的几种方法。

（一）朋友圈涨粉

将发布的视频号分享到朋友圈。其中最重要的就是制作主动涨粉的视频，这种视频很容易吸引朋友圈中好友的注意。

（二）社群涨粉

将发布的视频号发到社群即可，尤其是付费社群效果更佳。

（三）公众号涨粉

将公众号已有的粉丝导流到视频号，但是要注意，公众号内容的优质程度直接关系到变现的效果。

（四）话题涨粉

搜集好热门话题，在发布视频时带上这个话题，通过话题互动达到涨粉的目的。视频的质量是非常重要的因素之一。

（五）地域涨粉

发布视频时如果附带了地域属性，系统就会将号主的视频推送给附近的人，达到涨粉的目的。

（六）内容涨粉

笔者认为，视频号更适合知识类、新闻类与剧情类的视频内容。有价值，提供干货；有争议，提供互动；有娱乐，自带传播特征，能主动细分的内容都是优质的内容。

（七）制造热门话题

如果号主能力非常强的话，可以产生一些引领话题的视频，使用热门话题来进行内容互动也是提升流量的一种方式。

（八）视频号互推

找不同领域的运营者自愿互推，或者自己多建几个小号与大号之间互推也是常用的涨粉方法。

三、利用外部社群涨粉

社群的力量不容忽视，可加入或组建与视频号内容相关的社群，适当利用小额红包吸引用户关注和转发。在高质量、人数众多的社群带动下，等于用低成本就拿到了大批新流量。下面介绍利用外部社群涨粉方法。

图7-1所示为通过视频号引流到公众号或者个人微信号，然后拉群完成咨询业务的销售。具体操作步骤如下。

图7-1　在群内发布公告

录制视频

完成视频录制，开通视频号，并定位视频号内容。

（1）发布视频，视频需要讲解有价值的内容，初步获得用户认同。

（2）最好提前写好详细的视频文稿。

（3）发布视频时，记得发出对应的公众号文章链接。

 视频的详情页

由于视频号只能放公众号文章的链接，所以还得有公众号，并写好公众号文章并链接，如图7-2所示。当引流到公众号或个人微信号后，再通过加好友、拉群等方式维护粉丝。

图 7-2　链接公众号文章

四、通过引发关注涨粉

下面介绍几种通过引发关注涨粉的小技巧。

 引导语引发关注

视频上加"文字引导语"或者在结尾处引导关注、点赞，如图7-3所示。

图 7-3　文字引导语

(二) 主页封面图介绍

利用好视频号封面图，争取写出丰富的个人简介来吸引人，如图 7-4 所示。

图 7-4　个人简介

(三) 坚持有价值的定位

持续输出优质短视频内容，让自己的内容出现在同类人的信息流中，例如，"PS 教程知识"这个视频号主打分享 PS 初学者想学的案例，如图 7-5 所示。

图 7-5　PS 教程分享

(四) 拍摄连续剧内容

连续剧型视频内容每一集都会承上启下，如果用户被号主当前的视频内容所吸引，就会去翻看以前的视频，很容易关注这个视频号。视频号起名字也要遵循这个原则，例如，"这是我讲解的第 69 节 PS 课""今天是我创业的第 268 天"等。

（五）评论区多互动回复留言

多在自己的评论区互动和回答问题，用户自然愿意关注这个视频号。在别人的评论区巧妙地回答问题，也能吸引用户关注这个视频号，不过这种方式要慎用（容易受到平台处罚）。

五、置顶爆款视频和神评论

视频发布后，在评论区抢先发布或置顶与视频有关的神评论，引导炒热评论区气氛，是一种有效引发别人关注的方法。有趣的神评论绝对能提高用户的互动热情，用户积极的点赞和留言能够极大提高视频的推荐量。评论是视频号运营的"战略重地"，我们要善于利用神评论或者置顶爆款视频，给新用户一个好印象。

（一）神回复

有一种评论被大家戏称"神回复"，视频号里经常有人会说"哇，这个回复好牛啊""好搞笑啊"，或者"好奇葩呀"，这样很容易产生互动。找到跟自己的粉丝精准度相仿的大号或者竞品的账号去引流和评论（特别是他们的爆款视频）。这个逻辑很简单，别人的大号肯定粉丝很多，这些粉丝也是个人想要的精准粉丝，但是怎么让这些粉丝知道自己呢？可以到大号的评论区互动一下，并且用很多小号把个人的评论顶上去，这样就有很多的粉丝也能看到了。此时会有一些粉丝通过评论人的头像进入该主页来，会发现这个账号也是粉丝想关注的，所以这个时候大号的流量就被吸引过来了。

（二）置顶爆款视频和引流视频的回复

新用户通过一个新视频进入该视频号的主页后，首先会看到该视频号主页里的置顶视频。一般情况下，置顶视频都是对用户最有价值的内容，通过这个爆款视频能够引发用户的点赞和评论。所以我们要用好置顶视频这一功能，让它来为视频号引流。

六、用别人的热评来涨粉

评论区是创作者和用户之间最直接的交流区域，经营评论区是运营账号不可忽视的重要环节，评论区经营得好能为我们带来大量的流量和粉丝。一些脑洞大开、恰到好处、锦上添花的评论，本身也能获得成千上万条点赞。假如有人会给该作品点赞和评论，在一定程度上是可以帮助该视频号涨粉的，在这些神评论的背后，对评论人的账号本身也能起到很好的引流作用。

下面介绍一下如何去别人的视频下评论，为自己引流涨粉。

（一）账号包装

要在评论中引流，自己的头像和名字要专业。通常做得好的视频大号，名字和头像特别讲究，会根据自己发布的视频内容来选择专业的头像和名字。

（二）选择同领域的大号

选择一些跟自己同领域的大号，去他们的视频下评论，这些大号的流量都是比较大的，如果自己的评论内容观点独到，能引起其他用户的积极点赞、评论或是关注，自然就能起到很好的引流和涨粉作用。

（三）第一时间"抢楼"

当大号发布视频后，马上就去评论，越快越好，因为只有将留言评论排在最前面，才能起到很好的推广引流效果。

（四）观点特别

评论要观点独到、有趣，或者能引起共鸣，总之要能引起别人注意，才能达到引流涨粉的目的。平时多看一些别人的热评，然后自己也多学习参考。

需要注意的是同一个作品上不要反复评论，另外评论内容不要雷同，不要带敏感词和广告。

七、用#和@号来引起别人关注

#指的是在发布视频号时给视频添加话题标签，通过话题标签可以让系统给视频分类。视频号目前是由"人工＋智能算法"双推荐的，#话题标签会影响视

频号的官方推荐。

在微信生态里，#话题标签是视频号一个重要入口，且权重最高，同样的内容，带话题符号#和不带话题符号#，微信搜一搜的搜索结果也并不完全一样，增加了话题标签后，会出现在搜索结果中。

微信目前已经全生态支持 #话题标签。无论是发朋友圈或聊天、群聊发送文字的场景，在输入框内输入"#＋任意文字"后会自动变成"话题标签"，并且为蓝色超链接样式，如图 7-6 所示。

图 7-6　话题标签

发出消息后可通过单击话题标签，比如，#PS 教程、#PR 教程，会一键跳转到该话题标签的页面，页面内容通常会包含视频号、公众号文章、朋友圈动态、搜一搜等版块，而且在结果页里，视频号的权重最高，排在第一位。

如果自己的视频号同时带了对应的话题标签或者存在同名视频号，话题标签的结果将只展示视频号的结果，其他的结果会默认被收起。

无论是做某品类的内容、个人 IP 或线下商家/机构，在发布视频号时一定要顺便带上对应的话题标签。

视频号还具有@标签功能，创作者在填写个人简介时输入@符号，即会触发"视频号的提醒"功能，可直接@所关注账户，被@的视频号将会以蓝字出现在该账号的个人简介上，单击会跳转到被@视频号的关注主页，起到了曝光导流的作用。

第二节　大数据分析助力上榜热搜

数据管理是做好短视频非常重要的一个环节，很多人没有这种意识，甚至不知道去哪里采集数据，更不要说分析数据。如果不做数据分析，就没有办法向更优秀的同行来学习，会很容易出现闭门造车的情况。接下来介绍如何用数据来管理短视频内容。

一、掌握全局：大数据查询

要想运营好视频号，不得不重视数据分析。那么接下来就来介绍几个优质的视频号数据分析工具。

（一）友望数据

友望数据界面如图7-7所示（网址：http：//www. youwant. cn/）。

图7-7　友望数据界面

友望数据可进行多项指标分析账号，轻松把握账号整体发展趋势；迅速了解平台最新热点，抓住热门趋势；深耕细分行业，提供更加全面的数据，发掘视频号平台流量趋势，定位账号内容。

（二）新视数据

新视数据界面如图 7-8 所示（网址：https：//xs. newrank. cn/data/home/index）。

新视数据可全方位洞察视频号生态，发掘潜力视频号、热门作品和优质脚本，并持续追踪传播动态，其数据分析界面如图7-9所示。

（三）视灯数据

视灯数据界面如图7-10所示（网址：https：//shidengdata. com/）。

图 7-8　新视数据界面

图 7-9　新视数据分析界面

图 7-10　视灯数据界面

　　视灯数据是由阿拉丁公司推出的完全服务视频号的独立品牌，为视频号的广大从业者提供详细的运营数据，对数据分析形成的排名进行深度挖掘，从而指导和帮助视频号运营的方向。

（四）清博指数

清博指数目前功能比较专一，类目数据分析是清博指数较强的功能，其界面如图 7-11 所示（网站：http：//www.gsdata.cn/rank/wxvideorank）。

图 7-11　清博指数界面

做好视频号一定不能忽视数据分析，应该主动及时了解全网动态。这样做可以帮助我们及时了解最近微信生态用户对什么内容更感兴趣，什么内容更容易火。

二、知己知彼：自身数据查询

之前讲到了查询数据的几个优秀网站，那么接下来具体实践一下如何查询自身数据账号，做到知己知彼、百战百胜。下面就以"一禅小和尚"在新视数据为例。

首先输入自己视频号的 ID，如图 7-12 所示。

图 7-12　输入 ID 号

此时可以出现"一禅小和尚"的榜单表现，如图 7-13 和图 7-14 所示。

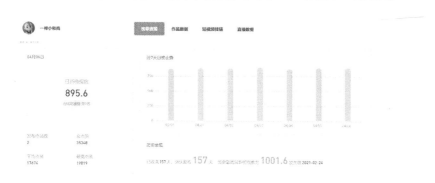

图 7-13 榜单表现 1

图 7-14 榜单表现 2

图 7-15 所示为"一禅小和尚"的挂链数据。

总体来说新视数据还是比较全面的，完全可以满足创作者视频数据分析的需求。

图 7-15　挂链数据

第三节　微信生态闭环布局

下面介绍利用矩阵布局的方式做视频号运营的相关方法。如何让自己制作的短视频发挥最大的价值是所有人需要考虑的问题之一，其实这就是为何要做矩阵布局的原因，即一个视频多平台投放，或者单平台多个账号操作。这样做的好处是节约时间和经济成本，因为拍摄视频是需要花时间和精力的，能够多平台或者多账号操作，可以增加 IP 曝光度。让账号与账号之间有连接，粉丝互通，形成商业价值最大化。

一、矩阵方法 1：朋友圈 + 公众号 + 企业微信号

当企业微信延伸到企业外部的时候，会产生更大的价值。企业微信后续新的变化将基于新的理念——让每个员工都成为企业服务的窗口。人就是服务主体，而且是认证的服务主体。

（一）企业微信——商务办公软件

服务于各个企业和组织，在好友上限数量、加群功能、活码功能、群管理、数据等方面较个人号有优势。具有丰富的服务场景，如零售、教育或政务等。

（二）公众号——长内容的载体

公众号是品牌建设与内容营销变现的核心场景，是承载消费落地的前置环

节。通过服务号、订阅号对外传播价值和内容，构建依托用户需求的内容矩阵，从而利用公众号打造用户专属的信息平台。公众号作为微信生态极其重要的组成部分，微信官方出台大量保护和鼓励内容创作者的政策，并以此调整推荐机制，对内容创作者而言有益，但也无形中增加了很多品牌公众号的运营难度。

（三）朋友圈——品牌方广告投放的主阵地

随着企业微信运营的体系化，越来越多的品牌方运用标签功能一对一地为客户打造专属的朋友圈展示和人设，得到用户的信任，微信生态内的服务商们也在逐步帮助品牌方构建相关的运营体系。

为了更好地运营企业微信，应该将企业微信与其他工具配合使用。在公众号上都可以挂企业微信的二维码，增加引流渠道，而公众号发出文章后，企业微信可以发到群里或者群发给好友，提高阅读量，同时也利用公众号文章给自己的企业微信做信任背书。企业微信朋友圈每天只能发一条，可以用群发、私聊来进行补充。

综上所述，想运营好企业微信，做到有调性、有人情、有粉丝、有销量，可以使用企业微信快速加粉，公众号长图文加深认知和信任，吸引公域的粉丝。

二、矩阵方法 2：腾讯直播 + 微信小程序 + 微信小商店

腾讯直播 + 微信小程序 + 微信小商店的方法进行矩阵，会产生非常大的商业价值，分析对比如表 7-1 所示。

表 7-1　视频号生态矩阵

编号	方　式	效　果
1	微信订阅号	视频号可以直接带订阅号链接，直接打通了生态
2	微信小程序	支持嵌入微信小程序链接
3	微信看点-微信小商店	网课直播，视频号发预告小视频，把流量带到直播间
4	微信朋友圈 + 微信群	干货视频一定要分享给朋友，扩散起来非常快

（一）小程序直播

小程序是私域流量体系中的活跃度应用和交易落地，支持全场景私域流量

运营体系搭建，但是大部分企业和商家，只关注私域流量的捕获和沉淀（很多商家不惜以 5 元、10 元甚至几十元的成本，吸引老客户关注或者加好友），但很少关注私域流量沉淀之后的活跃度运营。而小程序直播则很好地解决了私域流量沉淀之后的活跃度运营问题。

品牌商家可通过小程序直播功能触达微信生态里上亿级别数量的目标与潜在用户，实现在私域小程序里完成像天猫、淘宝一样的直播带货，打造私域营销闭环。

（二）小程序商城

通过个人号、社群和小程序直播引流得来的用户最大的价值就是被转化变现，而小程序商城就承载着获取用户、服务转化交易的重要使命。使用小程序直播系统的前提是商家或品牌拥有自家的小程序商城，否则无法进行转化环节的完成。

直播 + 微信小程序 + 微信店铺的打法，完善了视频号直播带货功能，对视频号创作者来说又多了一个变现渠道。

三、粉丝导流：价值最大化

个人微信是流量的尽头，如何借助视频号给个人微信增粉，沉淀私域流量是需要关注的事情，下面介绍如何导流粉丝，从而实现价值最大化。

（一）账号简介引流

最早的视频号版本和抖音号一样，是可以自定义个人背景图片的，因此可以设置背景封面，留下个人微博、微信号、公众号进行导流，现在大家去看一些抖音号也大体如此。但目前视频号的背景图片设置功能已经取消了，从账号设置的角度来说，只能在账号简介里面留下个人微信的联系方式。

在即将关注某个视频号的用户中可能会有一些人会去查看该视频号的简介，只要本身视频号的内容有价值，用户就有可能通过简介中留下的个人微信添加号主。

（二）文案引流

每次发布一个新视频号作品的时候，都要认真对视频号的内容进行描述，可以直接在内容描述里面留下个人微信或联系方式。在视频介绍中，还可以添加#话题和@自己关注的视频号，甚至可以在文案区留下自己的电话号码（最好把个人微信信息放在最前面）。

（三）拓展链接引流

这是当前视频号引流和成交比较高效的方式之一。通过拓展链接引流需要注意以下三点。

- 拓展链接的标题具有引导性，有手势符号和文字指引，比如，→加我微信，直接咨询。
- 公众号文章里的引导简单突出，比如直接展示个人微信号二维码，让想要加微信的用户可以直接扫码。
- 公众号链接不要轻易更换，选择一个阅读量较高的文章，里面的评论最好也做一些文案处理。

（四）评论引流

在朋友和推荐这两个视频流中，通常能看到高点赞量、高评论量的视频，可以选择在和目标用户群体类型相似的视频下方进行评论，实现截流。

从引流的角度上来说，如果去竞争对手的热门视频下留言，确实会大大增加曝光量，很可能就从对手那里截流了一批竞争粉丝，这是一种比较有效的引流手段，但容易引发矛盾，建议慎用。

视频发布后，主动在自己的评论区留言，提前在评论区留下自己的联系方式，引导用户互动，从而强化信任关系。

（五）私信引流

在视频号上，会看到一些博主引导粉丝私信，留言关键词获取资料，最后添加粉丝微信。

对于关注自己视频号的用户，可以主动给这些用户发送私信。每天主动向新增的好友发送"赠送福利干货"等话术，定期向一些还没有添加自己微信的粉丝发送请求关注相关的话术。

（六）视频号直播引流

视频号更新了连麦、直播红包、抽奖等功能，也正是这些功能的增加，可以在直播中很方便地引导用户添加个人微信。

当用视频号开启直播后，进直播间的用户，他的微信好友是可以在朋友这一栏视频流顶部看到我们的直播间入口的。

视频号是微信生态重要的一环，成了微信流量闭环的一部分。对于私域流量来说，视频号是一个不可多得的、离私域流量最近的公域流量池。如果想解决私域流量瓶颈、布局视频号、增加粉丝量并实现变现，可以尝试一下上面几种方法。

第八章

视频号商业变现

本章重点介绍视频号的商业变现，短视频的商业变现是所有短视频内容创作者最关心的问题。我们会重点围绕短视频商业变现这一话题，重点介绍如何通过个人的短视频账号，去发现属于自己的财富之路，在这条财富之路上应该如何操作才能快速获得回报，并且避免让自己少走弯路。

变现就是通过在微信小商店（简称微信小店）挂接商品让粉丝购买商品。现在各个短视频平台几乎都有自己专属的电商平台，无论是小红书、快手、抖音还是西瓜视频，用户都可以通过第三方电商平台或直接上传各类商品。

第一节　店铺变现

微信小商店可以挂接商品。除了可以让用户平时主动光顾自己的小店之外，在直播的时候，还能及时推广其中的商品。在视频号销售商品的门槛并不高，但是真正要通过卖货来变现，是需要一定技巧的。

一、开通店铺：开通个人微信小商店

微信小商店申请开通需要两个条件，首先必须是已认证的微信服务号，其次是已经接入微信支付功能。具备这两个条件即可在微信公众平台服务中心申请开通微信小商店功能。

费用方面，微信支付需要保证金 2 万元人民币，微信认证一次 300 元人民币，不通过则需要再次缴费认证。开通微信小商店的具体操作步骤如下（因微信版本更新等问题，部分步骤可能有所差异）。

01 在微信搜索框中输入"小商店助手",如图8-1所示,进入开店页面,单击"免费开店"按钮,如已开店,则直接单击"进入我的店"按钮,如图8-2所示。

图8-1 微信搜索框

图8-2 微信小商店开通入口

02 根据需求选择小商店类型,勾选"同意《微信小商店功能服务条款》"复选框,单击"下一步"按钮便开店成功,此时会显示"小商店已开通"的页面,如图8-3所示。

图8-3 开店成功页面

03 单击"进入我的店"按钮,进入小商店管理界面。单击"完善"按钮进入完善资料页面来设置经营者的相关信息,上传身份证正反面和手机号,系统会自动识别,核对无误后单击"提交"按钮,然后等待审核的结果,如图8-4所示。

图8-4 小商店管理界面

04 审核通过后,微信会收到系统发来的"待签约"的验证通知。再次进入小商店助手小程序,单击"签约开张"按钮,如图8-5所示。

05 进入协议签署界面,核对信息无误后,单击"确认开户意愿并签署"按钮,界面提示已经开张成功,单击"进

图 8-5 签约开张界面

店看看"按钮,即可进入小商店首页。同时注册的微信会收到"支付能力开通完成"的服务通知,如图 8-6 所示。

图 8-6 签约步骤

二、发布商品:商家选品秘籍

下面介绍如何发布商品,具体操作步骤如下。

01 进入小商店首页,单击"新增商品"按钮即可添加商品并上传商品图片,如图 8-7 所示。

图 8-8 编辑商品属性页面

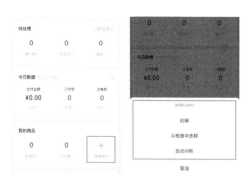

图 8-7 上传商品页面

02 单击上传图片后,输入商品名称和关键字,接着输入商品价格及库存,如图 8-8 所示。

03 选择对应的商品类目和分类,如图 8-9 所示。

图 8-9 选择类目页面

04 单击"添加详情"按钮可根据商品需求上传商品详情信息，单击"添加规格"按钮可添加商品规格信息。最后单击"上架售卖"按钮即可发布商品，如图8-10所示。

05 商品上架后，进入"上架审核中"界面，可选择"继续新增"或"管理商品"选项。单击"管理商品"按钮即可进入商品管理界面，可查询审核进度或分享和编辑商品，如图8-11所示。

图 8-10　上架商品页面

图 8-11　发布商品成功

三、商品详情：如何更好地展现商品

商品详情页是商品信息的主要承载页面，详情页的内容只有真正地打动客户，最终才能实现转化。

消费者只能通过卖家商品详情页的文字、图片等来想象所需购买的商品效果，因此避开设计误区，让消费者在了解商品的过程中，逐渐提高对店铺的信任度，打消疑虑的同时激发消费者的消费欲望才是提高商品转化率的重点。

商品详情页的描述也需要遵循科学顺序：从激发消费者兴趣入手，在描述过程中打消其顾虑；从用户体验入手，从消费者关注的角度出发，强调消费者在购物过程中获得的价值，力求让消费者理性地进来，感性地完成购物行为。

（一）详情页设计——文案

成功的文案设计不仅源自深厚的文字功底，更离不开生活实践的多样化沉淀，再经由文字具体化，让目标受众阅读顺畅才是主旨，因此要将文案与商品展现的结合点对准消费者，精确的定位目标，抓住其最关心的问题作为切入点，才能达到营销的目标。

- 措辞精确、简洁有力。简洁有力并且精确的文案措辞有利于消费者浏览商品时准确地抓住重点。

- 紧抓核心卖点，摒弃面面俱到。文案的组织主旨是让消费者短时间内意识到商品的核心卖点，看似面面俱到的文案最易将消费者的注意力带散，导致抓不住想要突出的核心卖点。因此在文案设计之初就应该确定好贯穿全文的主题，突出核心卖点。

文案编写时要注意以下几点。

1. 将产品说明的重点放在消费者身上

- 易于快速浏览。
- 没有晦涩的专业术语。
- 充满必要的关键信息。
- 帮助客户消除误解。
- 回答客户的相关问题。

2. 价格清晰明了

- 将价格放在突出的位置。
- 如果商品提供折扣，则划掉旧价格。

3. 图像展示

- 使用多张高分辨率图像。
- 用图片从多个角度展示产品，以便潜在客户可以全方位了解它们的外观。
- 如果产品可能让客户觉得难以使用，那么在视频中要通过演示来证明它实际上的操作其实很简单。
- 如果客户想知道某些功能之间的差异，视频可以快速准确地将其描述出来，从而帮助客户可视化出自己使用产品时的场景。

（二）详情页——结构

科学合理的商品详情页可以向消费者循序渐进地提出购买理由，使其对商品逐步产生信任感从而激发购买行为，因此框架结构的渐次铺陈顺序显得尤为重要。

1. 把握好详情页首屏

详情页面的首屏不仅仅是商品的展示，而是要把消费者的视觉焦点紧紧把控住。首屏必然包含黄金视觉区的"创意海报"，设计可通过色彩的对比凸显品牌特性和气质。

2. 符合购买者思维行为惯式

页面框架设计应该符合消费者的思维惯式，帮助消费者从感性认知到理性认知。商品详情页的首屏决定消费者是否对该商品感兴趣，然后通过商品信息的描述，加深消费者对商品的了解。其次就需要用实拍细节图及数据对比等手段来帮助消费者进行理性决断。最后则是通过售后服务信息打消消费者的购物顾虑。

第二节 直播带货变现

直播带货是一个全新的挑战，与电商运营不同之处在于，直播运营是对直播现场的把控与货品的对位关系进行调整，对如何调动粉丝与店铺的互动进行策划，后期要根据后台直播数据进行货品调整和搭配。

一、视频号直播：了解带货全流程

下面介绍视频号直播的方法。

01 开播前提前 3 天设置直播预告。进入视频号，选择右上方的 👤 按钮，如图 8-12 所示。

图 8-12 进入视频号

图 8-13 直播预告入口

02 进入"我的视频号"页面，下滑页面，单击右下角的"发起直播"按钮，进入下一界面后单击"直播预告"按钮，如图 8-13 所示。

03 选择自己所要的预告时间，在个人主页就可以看到直播预告了，如图 8-14 所示。

图 8-14 创建直播预告

　　发布预告后，接下来提前三天拍好短视频，然后将短视频进行扩散，如扩散到自己的好友群、互助群，以及后期自己建立的粉丝群并转发到到朋友圈里。

　　下面是笔者总结的一些扩散小技巧。

- 每两小时转发一次。
- 朋友圈转发下一条，把上一条删除掉即可，这样不显乱，也不影响朋友圈的美感。
- 微信群每次转发时，更换不一样的文案。
- 转发时加一个小红包，点赞、预约的人会更多。

二、直播间硬件：直播设备配置

　　面对不同的直播需求，不同的应用场景，许多人就会产生疑问，做直播需要什么设备？但是在选择直播设备之前，更应该想清楚的是，自己要用什么直播方式来做直播？

　　目前直播主要是以下四种方式。

　　摄像机直播、计算机直播、手机直播和户外直播。

 专业摄像机直播设备清单

　　专业摄像机直播是我们最常见的直播方式。

　　使用专业的摄像机 + 视频编码器可以保证较高的直播画面质量，实现高清画质直播，拍摄更稳定。

　　专业的摄像机价格较高，学习机器使用的培训时间成本也较高。

　　摄像机的镜头可以全场景展现，因此摄像机直播多用于大型活动直播和融媒体直播，一些商务性较强的企业峰会、发布会等直播场景也多用摄像机直播完成。

　　利用摄像机直播需要准备的设备如下。

1. 摄像机

　　通过专业摄像机拍摄的视频具有清晰度高、对焦准、色温色差均衡和画面更加稳定等优点。同时，摄像机可以提供稳定的高清画面信号。

2. 收音设备

- 小蜜蜂：小蜜蜂可多发一收，多音源相互不干扰，设备小巧便于携带。
- 传声器：传声器可加强直播内收音效果，降低环境噪声。

- 调音台：调音台可更专业的处理声音，并融入背景音乐，提升整体声音收听效果。

3. 编码器

编码器是将摄像机输出的视频信号进行编码转化为数字信号。

4. 计算机及抖音直播平台

硬件设备搭建好后，就需要设置软件系统了，到直播工场后台创建一个直播频道，设置好直播间相关信息后单击立即直播，可将直播画面通过计算机推流至相关平台，然后展现给观众。

5. 其他

三角支架一个，直播工场 HDMI 视频编码器一个，辅助电源一个，必要连接线若干，4G/5G 无线终端一个（含 4G/5G 卡）。

（三）计算机直播设备清单

说到计算机直播，许多用户的第一印象就是直播画中画。

的确，画中画直播多是利用计算机直播来完成，通过计算机自带或外接的摄像头进行直播画面显示，同时捕捉 PPT 画面，这样观众通过直播不仅能看到主播本人，而且能看到主播计算机分享的 PPT 文件。

这种计算机直播画中画的形式，可以极大程度地提高直播过程中的互动体验，直播效果更专业。因此教育直播和培训直播更青睐用计算机实现画中画的直播形式。

利用计算机做直播也很简单，需要准备的设备有以下几种。

1. 笔记本电脑

组装和品牌机都可以，配置为 CPU i7 以上，内存 8G 以上、独立显卡和声卡。

使用自带摄像头的笔记本电脑进行直播可以不用外接摄像头，当然也可以外接高清摄像头，具体根据自己的直播需求进行相关配置。

2. 高清摄像头

专业高清带 1080P 摄像，支持美颜功能。

3. 补光灯

前面摆一个白光灯，一个暖光灯，后面也摆一个白光灯，一个暖光灯，这样投射出来的效果是立体的，也可以配备瘦脸灯和环形美颜无影灯。

（三）手机直播设备清单

以往手机直播更多的是呈现在泛娱乐直播场景上，但随着直播的深入发展，手机直播已经应用到越来越多的场合，原因就是手机自带拍摄功能，想要实现直播功能只需要安装微信，非常简单。

由于手机直播性价比高、灵活性强、操作步骤也简单易上手，因此是大多数电商直播和企业内训直播的最佳选择之一。

手机直播需要准备的设备有以下几种。

1. 1080P 像素直播手机一部，背景音乐手机一部

一部用来做伴奏，带货的主播可将其用来做"AI 客服"。另一部建议选择市场上摄像功能优秀的手机，一是画质清晰，传输中画面不会被压缩，二是长时间直播稳定性好。以上可根据自己的实际情况进行选择。

2. 手机三脚架

使用手机三脚架的目的是稳定防抖，让直播画面更稳定清晰。市场上的手机三脚架类型多样，这里就不再赘述。

3. 声卡、话筒设备一套

使用手机外接传声器可以增强手机收音效果，降低环境噪声，也可以使用带有传声器的耳机。

4. 无线网络

使用无线网络进行直播，可使直播更加稳定清晰，避免室内信号干扰问题。

5. 简易灯光设备

用简易的环形灯是有较高性价比的选择。

三、组合营销：正确选品及营销技巧

下面介绍一下什么样的商品比较吸引粉丝。

（一）性价比高的商品

刚开始做的时候，还是选择价格便宜的商品来销售。这种便宜的商品让人思考的时间比较短，决策成本也比较低，而且性价比高。相反，像买几百、几千元的商品，一旦要花这么高的价钱，人们通常会考虑很久。

（二）实用性强的商品

多销售平时经常会用到的商品，譬如特别方便的面膜，特别好用的洗手液等，视频拍得能让人产生购买的欲望，也经常会爆单。这个逻辑就非常简单，就是选择大家有需要，而且非常便宜的商品。

（三）产品使用前后有对比

产品使用前后要有明显对比，让人觉得物超所值，包装也非常吸引人（显得特别高档），让人有购买欲，想要买回来试一下。比如特效洗洁精等。

（四）产品有亮点

这里需要自己的商品要有亮点，让人一看到视频，就有想去买的欲望。随着互联网时代的快速发展，商品的同质化特别严重，如果能够选择一款商品，让人看了非常好奇，而且家里也有需要，转化率一定不低。

从目前来看，小类目产品比较适合小卖家进行直播销售。像美容、家居生活和花鸟鱼虫这些，目前该领域还没有特别有名气的主播，成长空间很大，想入行的主播可以考虑。小类目具有需求大、竞争小、投入小、要求低等特征，如下所述。

- 需求大：小类目常处于供不应求的状态，市场需求较大，尤其是一些夏季、冬季的刚需产品。
- 竞争小：市场上的卖家相对较少，竞争压力也就相对较小。
- 投入小：无论是金钱，还是时间上的投入都相对较小。
- 要求低：平台对于卖家的运营水平要求低。一般来说，只要选对了产品，具备基本的运营能力就能赚到钱。

四、直播开通：直播设置与商品上架

下面介绍一下直播开通的设置和商品上架的相关方法。

（一）创建或者关联小商店

下面来创建或关联小商店。

01 单击作者头像进入个人主页，单击【...】按钮，如图8-15所示。

图8-15　关联小店的入口

02 进入"设置"页面，单击"商品橱窗"按钮，按页面指引创建或者关联小商店，有小商店的可单击【...】按钮，如图8-16所示。

03 单击"商品管理"按钮，可在商店里新增商品，审核通过后才可用于直播带货，如图8-17所示。

图 8-16 上架商品的入口

图 8-17 新增商品入口

 发起直播

关联商店之后我们来正式发起一场直播。

01 在视频号管理页单击"发起直播"按钮，填写直播主题、设置直播封面、选择分类和目标人群，以及设置群发红包和直播位置，如图8-18所示。

02 右上角的【...】按钮，从橱窗添加通过审核的商品，如图8-19所示。

图 8-18 设置直播主题

图 8-19 添加通过审核的商品

03 单击"开始直播"按钮就可发起直播了。

五、引流技巧：直播间引流的方法

下面介绍引流技巧，直播引流有很多可行的方法。

（一）拟一个吸引人的直播标题

标题的重要性自然不用多说，具有先声夺人的作用。标题字数最好在 5 ~ 15 个字之间，一句话形容直播内容亮点。把用户最关心的主播亮点（如，是否有明星）、产品亮点、促销亮点放在标题上。

（二）直播内容简介

在众多的直播平台中，很多人想看直播却不知怎么看。如果我们在做直播内容简介的时候，插入直播地址或者直播房间的网址，有兴趣的人就可以直接单击观看了。做好直播内容简介相当于迈出了重要的一步。

（三）直播刷手评论

在直播没有足够粉丝的情况下，可以用一些小号在直播间进行评论（烘托氛围）。在直播的过程中，要让用户有参与感，不能自己一个人对着镜头说话。可准备一部专门看留言的手机（即直播刷手），挑选问题进行回答。

（四）做好直播预热

在直播前，连续发 3 条直播间预热的短视频，要求内容和直播间高度契合。直接告诉粉丝自己的"直播主题 + 内容 + 利益吸引点 + 时间"，这样吸引而来的粉丝相对比较精准。

（五）学习主播常用话术

直播间的转化率成败就看主播个人口才能力的发挥了，说服力越强，情绪调动能力越强，商品就越好形成销售。如果自己是新人主播也没关系，多学习大主播互动话术，一定要相信万事都是可以学的，主播的某些能力也需要后天培养，不是全凭天赋的。

（六）与粉丝的互动

直播互动是网红与粉丝沟通的核心，因此，即便我们有产品需要推介，也不要忘了，粉丝不是单纯地收听广告的人。做好互动，才能积攒人气，为变现建立基础。

（七）利用站外平台引流。

将直播信息一键分享到所有社区平台，如微博、朋友圈、QQ 空间、微信公众号、微信群、QQ 群、社群等，最大限度地吸引粉丝的进入。

六、直播技巧：脚本及带货话术模板

直播间的策划案就是针对特定某一场直播的方案，也叫"脚本"。保证直播有序且高效进行，达到预期的目标。同时，在遵循直播策划案进行直播的基础上，能有效避免不必要的直播意外，包括场控意外，长时间的尬场等。一份详细的直播策划案非常重要，在主播话术上甚至都有技术性的提示，能够保证主播言语上的吸引力以及对直播间粉丝互动的把控能力。

直播脚本的意义在于它能够保证直播流程顺利进行，实时把控粉丝，并能推动直播卖货的高效转化。

（一）脚本策划内容分类

直播策划案五花八门，根据互动原则，大致可分为三种。

第一种是 UGC（用户生成内容）的直播脚本，核心信息是主播个人、商品、互动信息。这种是以主播为核心，通过交谈、表演来介绍商品，中间互动环节无非就是回答顾客问题、发放红包或搭配销售等。这种是最基础的直播，有一个或若干主播和商品即可。

第二种是以节目的形式进行直播策划，有主持人、嘉宾、商品、游戏和互动，核心信息还是商品和互动，直播之前可能会有一段时间的宣传和预热才能达到预期效果。

第三种是大型晚会策划案（如，天猫双十一晚会等），除了宣传盛会，弘扬活动精神之外，还会有各种场内场外的场景切换，比如电视、手机、计算机之间的屏幕切换，还有明星互动和各种游戏互动以及广告植入信息和红包雨等。最核心的目标就是商品的销售及购买习惯的培养。核心信息包括商品、互动、明星、广告植入等，十分复杂。

（二）直播间提问话术

无论是在任何平台直播，人气是主播的基础，如何从没人气变得有人气，让直播间观众主动互动，如何带动直播间的气氛，让直播间的粉丝拧成一股绳，这些问题一直是困扰主播的难题。下面就来讨论一下如何提升个人的直播技巧。

首先给大家介绍几个直播间常遇到的提问话术技巧。

第一，如果遇到有粉丝问，"几号宝贝（即商品）试一下？"这种提出主播试穿要求的，说明粉丝对该宝贝至少产生了兴趣，需要耐心讲解。我们可以说"小姐姐（或小哥哥），先按正上方红色按钮关注主播，主播马上给你试穿哦。"

第二，如果遇到有粉丝问，"主播多高，多重？"这种，说明粉丝没有看背后信息牌的习惯。我们可以这样回复："主播身高170，体重60kg，穿s码，小姐姐也可以看下我身后的信息牌哦，有什么想看的衣服也可以留言，记得关注主播啊"。

第三，如果遇到有粉丝问，"身高不高能穿吗？体重太胖能穿吗？"直播中经常会出现这种似是而非的问题，需要耐心引导解答。我们可以这样说"小姐姐要报具体的体重和身高，这样主播才可以给你合理的建议哦"。

第四，如果遇到有粉丝问，"主播怎么不理人？不回答我的问题？"出现这样的情况，安抚粉丝情绪很重要，否则会永远失去这个粉丝。建议赶紧说"小姐姐（或小哥哥），没有不理哦，如果我没有看到你的问题可以多发几遍，不要生气、不要生气。"

第五，如果遇到有粉丝问，"3号宝贝多少钱？"这样的粉丝比较懒，但已经表现出想购买的意思，需要耐心解答。可以这么说："3号宝贝可以找客服，报主播名字领取5元优惠券哦，优惠下来一共是39元，屏幕左右滑动也可以看到各个宝贝的优惠信息，喜欢这件衣服的赶快下单哦。"

（三）直播欢迎话术

在直播开场时，大家首先需要对来看直播的用户表达感谢。通常我们可以使用以下几种方式来说。

- 欢迎××（名字）进入直播间，点关注，不迷路，一言不合刷礼物！么么哒！
- 欢迎朋友们来到我的直播间，主播是新人，希望朋友们多多支持，多多捧场哦！
- 欢迎××来到我的直播间，他们都是因为我的歌声/舞姿/幽默感留下来的，你也是吗？

以上的欢迎话术有助于提升主播亲切感，在观众进入直播间的第一时间感觉亲切舒服。

（四）感谢话术

通常我们的直播间只要关注量上来以后，建议开启打赏功能维系住热度。另外，还会有一些粉丝从头到尾一直观看自己的直播，因此感谢的话术也是必不可少的。

感谢话术要真诚，让观众有一种被重视的感觉，以后才会可能更多地参与到自己的直播中来。下面是一些常用感谢话术。

- 感谢家人们今天的陪伴，感谢所有进入直播间的家人们，谢谢你们的关注、点赞哦！
- 最后给大家播放一首好听的歌，播完就下播了。感谢大家，希望大家睡个好觉，做个好梦，明天新的一天好好工作。
- 轻轻地我走了，正如我轻轻地来，感谢各位家人的厚爱！其实很不想跟大家说再见的，不过因为时间的关系，这次直播马上要结束了，最后用一首××歌送给大家，让我们结束今天的直播，别忘了，每天的下午我都在这里恭候着你哟，明天见！
- 现在是 5 点，主播还有 20 分钟就要下播去吃饭啦，非常感谢关注和送礼物的家人们，谢谢大家！
- 主播还有 20 分钟就要下播了，非常感谢大家的陪伴，今天和家人们度过了非常愉快的时光哦！主播给大家唱首歌再走好不好，我也会想念大家的。

很多人有一个误区就是认为节奏快，语速就要快，其实节奏快不代表语速快。如果不小心在直播间把准备好的话说完了不知道该说什么，千万别慌，可以去找别的话题聊，如聊一聊最新的新闻，放一首好听的歌，或者说一说自己的生活经历，最近发生的有趣的事，这样观众更容易参与进来。

七、提高成交率：直播互动技巧

关于直播互动技巧，大家可以从以下几个方面去着手。

 积极回答问题

产品问题要及时回答，如果来不及，截图保存稍后回答。回答问题要有耐

心，不要批评粉丝，更不要忽视提问者。当然对于一些骚扰问题，可以选择性过滤。

（二）连麦

连麦是直播间互动的有效技巧之一，特别和铁杆粉丝连麦，可以调动粉丝的积极性。粉丝会帮助自己塑造权威和专业度，也会增加直播间粉丝的活跃性。另外，两个人连麦以后，还可以表演一些剧本情节，促进产品销售。

（三）才艺秀

直播间要想和粉丝互动起来，除了产品，自己的才艺也可以感染他们。有些人本身会唱歌、会弹唱乐器、会玩魔术，这些都会吸引大家的注意力。

（四）向粉丝提问

除了及时回答粉丝提出的问题，也可以向粉丝提问来提升互动率，也是一种不错的直播互动技巧。问问题的时候尽量避开开放性的问题，多问一些封闭性的问题，下面给大家来举两个例子。

- 大家觉得橘色大衣好看还是黄色大衣好看？
- 各位宝宝想要这件衣服吗？想要的可以扣1。

无论是才艺主播、聊天主播还是颜值主播，都有一个很重要的东西是必不可缺的，那就是——情商。

不断地提升和培养自己的情商才能让直播更轻松，甚至达到不用什么话术都能自如应对的境界。其实对于新主播而言，没有所谓的固定话术模板，也没有什么沟通、吸粉的捷径，更多的是大家要主动去学会沟通。在直播间里给观众带来更好、更愉快的视听感，让大家看到自己的真诚和用心，喜欢这个视频号的人自然会留下来。

八、规范直播：避免平台处罚的几点建议

视频号直播中，以下行为会被判定是违规行为。

（一）言论判定

在微信官方围绕视频号直播发布的《微信视频号直播功能使用条款》和

《微信视频号直播行为规范》以及我国的广告法中早有规定，以文字或者语言形式出现的违禁词不允许使用。

- 最普遍的就是极限词"最""第一"，有涉嫌欺诈消费者的表述。
- 讨论国家法律、法规、敏感政治问题、宗教、迷信类内容，涉及政治、军事、宗教、黄赌毒、迷信等词汇，以上这些都严令禁止。

（二）违规画面

儿童出镜、未成年人参与直播，侵害未成年人权益的画面；在直播间说脏话、抽烟喝酒的行为；画面有夸张裸露的、引人不适等画面；暴力和恐怖的画面。

（三）过度营销

涉嫌投资、融资类的内容，如荐股、网贷、推销金融产品、证券或期货有偿咨询。在直播间放置二维码或者展示其他社交账号，如微博等账号，引导观众去其他平台交流、交易的行为。

（四）着装规范

主播的衣着要大方得体、干净整洁，才能更好地进行直播。

- 女主播不得穿着大尺度裸露背部、裸露内衣、穿着露沟或容易露沟服装、短裙或短裤下摆高于臀下线的服装，不得仅穿着情趣内衣、暴露装、透视装、肉色紧身衣、比基尼及类似内衣的服装或不穿内衣，不能露出内衣或内裤（安全裤）。
- 男主播不得仅着下装或穿着内裤、紧身裤的服装直播。
- 不得违规穿着国家机关人员、军队人员制服（如警服、军服、检察院、法院、工商、城管制服等）。
- 主播不得穿着、佩戴不适宜直播的衣物、配饰，衣着不能包含大面积的国旗图案、在不恰当的场合佩戴红领巾等。

（五）举止规范

主播要举止得体文明，不得有不文明行为。

- 不得以低俗、暴露、带有明显性暗示的妆容进行直播。

- 不得展示吸烟、酗酒、赌博等不良行为，不得使用粗口等不雅言论，不得展示或露出文身。
- 不得展示、宣扬畸形、非主流、不健康的婚恋观或婚恋状态。
- 不得直接或间接诱导、胁迫未成年人用户以平台未许可的方式进行消费。
- 不得销售或通过平台的直播等功能推广根据国家法律法规或微信平台相关协议、规则要求禁止销售的商品。
- 不得在直播过程中出现未成年人模特。

以上是腾讯公司对其平台所做的部分行业规范，需要严格遵守，更多方面的要求建议以国家相关法律法规为主。